Coffee Obsession

Coffee Obsession is perfect for coffee lovers who want to make the best cup of coffee in the world in their own home.

聖 咖
經 啡

全世界最美的咖啡書

Anette Moldvaer

中文版推薦序

　　對於咖啡初學者而言，最普遍的困擾當屬於書籍的挑選，如何在范范書海中挑選適合咖啡迷閱讀入門的書，總是困擾著許多初學咖啡的同好們。

　　相對的，對於咖啡書籍的作者而言，最困難的任務，莫過於撰寫一本綜合性的咖啡入門書籍，如何在浩瀚的咖啡知識庫大海之中，以自身專業經驗擷取適當的資訊，然後再深入淺出地寫出一本適合大眾閱讀、內容又不流於膚淺庸俗的咖啡入門專書，是非常不容易的一件事！

　　很開心，《Coffee Obsession 咖啡聖經》終於有中文版，本書作者Anette Moldvaer 是英國最頂尖的咖啡烘焙品牌之一Square Mile Coffee Roasters的共同創辦人兼首席烘焙師，在她17年的咖啡專業生涯中Anette身兼多種角色，包括咖啡吧台手（Barista）、咖啡烘焙師、生豆採購者、品牌總監、以及親身參與全球各式大大小小的咖啡競賽擔任評審，並贏得2007年世界杯測冠軍，目前她擔任的主要角色是旅行於咖啡產地，尋找採購咖啡豆並協助提昇產地咖啡品質。擁有這麼豐富專業歷練的人來撰寫一本給初學者閱讀的咖啡專書，毫無疑問地是讀者之福。

　　這本書的撰寫初衷是告訴讀者「關於咖啡，你所該知道的一切」，坦白說，這是一個非常難做到的目標，Anette也確實做到了。她使用很大的章節篇幅介紹35個最常見而且重要的咖啡產地，從品種、栽植、到後製處理法，全部配合精緻的圖說，讓閱讀者一目了然，可以很快地抓到重點。

　　接下來作者教你如何選購市面上的咖啡豆產品、如何閱讀產品標籤，並帶你認識目前精品咖啡世界最常用的沖泡器具，以圖文並茂方式教你使用這些咖啡器具，內容涵蓋杯測、手沖、義式咖啡、咖啡拉花，甚至杯具的介紹挑選……。閱讀到這裡，你已經知道每粒咖啡豆的由來故事，並且具備自己煮出一杯好咖啡的能力！

　　最讓我眼睛一亮的，是除了豐富無比的咖啡知識以外，本書中還附上超過100種的咖啡食譜，不只常見的花式咖啡作法，連一些罕見的咖啡食譜全都一次通通給你，例如北歐地區煮咖啡加雞蛋的手法你試過了嗎？

　　「深入淺出、內容正確、圖文並茂容易閱讀」，是我推薦這本書的三大原因。如果你正在找一本綜合性的咖啡入門書籍，這本書是一個好選擇。

Fika Fika Cafe 創辦人, 2013 北歐盃咖啡烘焙大賽冠軍

James Chen　陳志煌

中文版推薦序

咖啡之所以會令人深深著迷，是因為她有著千變萬化的風味，而造就出這些迷人風味的，源自於咖啡的產地風土、栽植品種、後製處理、烘焙深淺、萃取技巧等諸多因素。在《Coffee Obsession 咖啡聖經》的書裡面，將以上這些細節，深入淺出地為想要踏入咖啡領域的朋友們加以剖析，同時也就咖啡的歷史文化加以介紹，帶領大家逐漸洞悉這咖啡殿堂的奧妙。最後，才是器具使用與各種咖啡食譜的製作方法，不管是由理論到實做，或者反向而為之，兩者都是想要成為咖啡大師的必修學分。

但若是對於已經從事咖啡行業多年的朋友們，《咖啡聖經》此書又扮演著什麼樣的角色呢？首先，它有著豐富詳盡且已經中文化的資料，我相信過去很多關於咖啡的參考資料來源，都是從國外的網站而來，對於英文能力好的人來說，自然沒有太大的問題。而現在，這本書就肩負起工具書的職責，像是咖啡品種、處理法、風味輪等等，如果能與原本的英文版本同時對照，那就省去查找字典的困擾了。

《咖啡聖經》這本書最讓大叔感到驚訝的，是關於咖啡產地介紹的章節，以往對於非洲、中美洲、亞洲等產地，通常只是有個國家名稱和生豆圖片，以及風味描述而已。但在這本書裡，還附上標註有詳細地名的產區地圖和產季、市占率、產量等資料。以衣索比亞為例，你就能很直觀的了解到西達摩、耶加雪菲、利姆、哈拉的相對位置，水洗耶加的柑橘酸香、日曬西達摩的熟果香甜，這些咖啡的風味似乎瞬間就在地圖上浮現。

盡信書不如無書，看書當然不能只看一本，看完後的第一件事情，就是要為自己煮杯咖啡！由擔任過WBC 世界盃咖啡師大賽評審、CoE 極佳盃生豆評鑑競賽評審的 Anette Moldvaer 所著的《咖啡聖經》，也介紹各種沖煮咖啡的道具，像是義式咖啡機、法國壓、手沖、愛樂壓、賽風咖啡、冰滴咖啡壺等方法，並且詳錄了多達九十六種的咖啡製作方法，連加入像威士忌這種烈酒的咖啡調酒配方也都有唷！

咖啡，你可以透過各種不同的面向來觀察她、品味她，主觀地愛好當然難免會有，像是有人偏愛淺烘的酸甜可口、有人就非得要深烘的苦濃餘韻。但在深深愛上的同時，就會想要瞭解更多關於她的事情，無時無刻都離不開咖啡，在家自己煮、出門就往咖啡店裡去，到世界各地旅行，第一個要安排的景點就是當地著名的咖啡館。如果你是已經到達這個境界的朋友，那也不用大叔多說，看到有新出版的咖啡書，買回家就是，讓它跟書架上的其他夥伴們能湊在一塊，就像是把來自不同產地的咖啡豆給調和在一起似的，才能產生出意想不到的絕佳風味。

咖啡大叔 許吉東

A Dorling Kindersley Book
www.dk.com

Original Title: Coffee Obsession
Copyright © Dorling Kindersley Limited, 2014

國家圖書館出版品預行編目資料

咖啡聖經 / Anette Moldvaer作；林晏生
譯. -- 初版. -- 新北市：楓書坊文化,
2015.09 224面 ; 23.3公分

ISBN 978-986-377-091-6 (平裝)

1. 咖啡

427.42   104011384

出　　　版／楓書坊文化出版社
地　　　址／新北市板橋區信義路163巷3號10樓
郵 政 劃 撥／19907596　楓書坊文化出版社
網　　　址／www.maplebook.com.tw
電　　　話／(02)2957-6096
傳　　　真／(02)2957-6435
作　　　者／Anette Moldvaer
翻　　　譯／林晏生
企 劃 編 輯／陳依萱
總　經　銷／商流文化事業有限公司
地　　　址／新北市中和區中正路 752 號 8 樓
電　　　話／(02)2228-8841
傳　　　真／(02)2228-6939
網　　　址／www.vdm.com.tw
定　　　價／480元
初 版 日 期／2015年9月

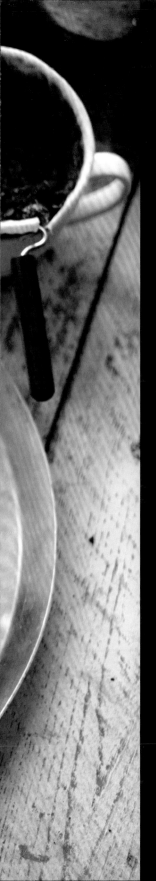

目次

簡介
INTRODUCTION

咖啡廳文化 CAFÉ CULTURE

對全球數百萬人而言，坐在咖啡廳裡品嚐美味的咖啡，可說是人生的一大享受。而精緻咖啡館裡專業的咖啡調理師替你量身打造所烹煮出的高品質咖啡，則讓這樣的經驗更加醉人。

咖啡廳經驗

從沖煮咖啡歐蕾（café au lait）的巴黎咖啡廳到提供咖啡無限續杯的德州小館，咖啡廳在歷史悠久的咖啡傳統中佔有關鍵的一席之地。由於咖啡在中國、印度、俄國及日本大受歡迎，使得咖啡廳的來客數達到前所未有的高峰。儘管飲用咖啡在許多人看來可謂再普通不過的日常小事，但對無數人來說仍然是個新奇又刺激的體驗。

隨著這波新興咖啡熱潮，每天都有越來越多的精緻咖啡廳在世界各地開幕，供大眾品嚐各式品種、烘法、特色不同的咖啡，不再只有咖啡行家得以「一親芳澤」。對於懂得欣賞品質、永續和投入的人來說，精緻咖啡廳提供了一個讓人互動交流、探索新口味、感受獨特氣氛的絕佳場所。

咖啡在許多人看來只是生活的一部分，但對某些人來說，則是新奇又刺激的體驗。

咖啡精神

　　咖啡從莊園到杯中經歷了漫漫長路，但往往稍一不察就會被視為理所當然。並非所有人都知道咖啡豆是一種果實的種子，或知道咖啡豆在研磨、沖煮前必須先經過烘焙。越來越多咖啡廳將咖啡當作一種新鮮的季節性產品（而事實上也的確如此），致力推廣其為一種在種植及調製上需要相當技術的飲品原料，強調並頌揚其變化多端的獨特風味，讓這些咖啡豆的出處及背後的人文風土得以廣為流傳。

　　多虧精緻咖啡廳，咖啡愛好者對咖啡錯綜複雜的生產、交易、烹調過程認識越來越深入。咖啡栽種者所面臨的挑戰——低價剝削及詭譎市場——促使對永續商業咖啡的需求大增。當論及食物及酒時，大家總相信「一分錢，一分貨」，而現在瞭解咖啡亦是同樣道理的人數也正急遽上升中。

　　供給、需求、成本、生態之間的平衡仍然是一大未知的挑戰，而精緻咖啡公司則標榜著對品質、透明以及永續的強調。由於對咖啡栽種及烹調日漸重視的文化變遷，精緻咖啡廳的重要性已經不可同日而語。

咖啡調理師

　　精緻咖啡廳的咖啡調理師相當於酒界的侍酒師，擁有專業知識，能夠指導你如何烹煮咖啡，帶來令人興奮的咖啡因之外，還可讓咖啡嘗起來更有趣、更刺激——最重要的是——更美味。

咖啡之旅 THE JOURNEY OF COFFEE

　　咖啡傳播全球各地的過程與世界歷史息息相關，交織著宗教信仰、奴隸制度、走私偷運、男歡女愛以及公眾社群。儘管缺漏在所難免，我們仍可借助事實與傳說來一趟咖啡之旅。

早期發現

　　至少在一千年前，咖啡就已經被發現了。雖然無法肯定，但許多人相信阿拉比卡咖啡（Arabica）起源於南蘇丹及衣索比亞，羅布斯塔咖啡（Robusta）則來自西非。

　　早在其種子被烘培、研磨、沖煮成我們現今所飲用的咖啡以前，咖啡果及葉子即被當作提神之用。非洲遊牧人便混合了咖啡豆、油脂、香料，替長期離家的牧羊人們創造出「能源補給吧檯」（energy bars）。咖啡葉及咖啡果的果皮也被拿來煮沸，混製成富含咖啡因的提神飲料。

　　一般認為咖啡是由非洲奴隸帶到葉門及阿拉伯的。在15世紀，一群被稱為蘇菲（Sufi）的伊斯蘭教苦修者飲用一種以咖啡果製成的茶——稱為咖許（quishr）或阿拉伯酒——來幫助他們在夜間祝禱中保持清醒。其刺激功效之名傳開後，許多廳館隨之開幕，供商旅及學者隨心暢飲並交流，號稱「智者之所」（schools for the wise）。雖然有些人對「咖許」是否符合回教教義有所疑慮，但這些早期的咖啡廳依舊屹立不搖，大大促進咖啡的普及。到16世紀時，阿拉伯人已經開始烘焙、研磨咖啡豆，沖煮出的咖啡與我們現在所享用的大致相同，並進一步傳播到土耳其、埃及與北非各地

牙買加

墨西哥　海地

馬丁尼克

中美洲　加勒比地區

蘇利南

法屬圭亞那

南美洲　巴西

17世紀

- 葉門到荷蘭
- 葉門到印度
- 荷蘭到印度、爪哇、蘇利南及法國

殖民散播

　　最早進行咖啡貿易的阿拉伯人對其咖啡相當保護，必定會將生豆煮熟，使其他人無法栽種。

　　然而，**在17世紀前葉，一位伊斯蘭教苦修者偷偷將咖啡種子從葉門帶到印度**，甚至有位荷蘭商人將咖啡種子由葉門走私至阿姆斯特丹栽種。到17世紀末葉，咖啡已被廣泛種植於荷屬殖民地，特別是印尼各地。

　　加勒比地區及南美殖民地於18世紀初期紛紛開始種植咖啡。法國人從荷蘭人手中收到作為贈禮的咖啡種子後，將其攜至海地、馬丁尼克及法屬圭亞那。荷蘭人把咖啡種在蘇利南，英國人則把咖啡從海地帶往牙買加。

　　西元1727年，一位葡萄牙海軍軍官奉命從巴西前往法屬圭亞那將咖啡種子帶回。傳說他被拒絕後，轉而求助總督夫人，誘其將插滿咖啡種子的花束送給他。

　　從南美及加勒比地區為起點，咖啡逐漸傳往中美洲及墨西哥。到19世紀末葉時，咖啡種子回到位於非洲的殖民地故鄉。

　　時至今日，咖啡產地已擴展到許多新世界，尤其是亞洲地區。

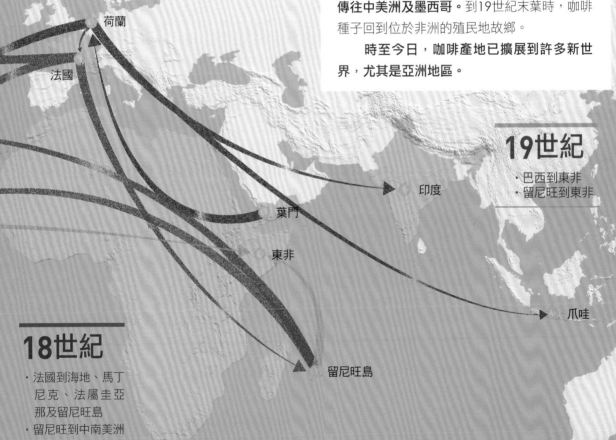

19世紀

· 巴西到東非
· 留尼旺到東非

18世紀

· 法國到海地、馬丁
　尼克、法屬圭亞
　那及留尼旺島
· 留尼旺到中南美洲
· 馬丁尼克到加勒比
　地區、中南美洲
· 海地到牙買加
· 法屬圭亞那到巴西

**咖啡在短短幾百年間傳遍世界各地，
更從一開始的飲品搖身變為商品。**

品種及變種 SPECIES AND VARIETIES

就跟釀葡萄酒的葡萄以及啤酒的蛇麻一樣，長出咖啡果的咖啡樹也有各式各樣的品種及變種。雖然散播到世界各地的只有其中幾項，但新種仍持續不斷被引進栽種。

咖啡品種

這種會開花的樹在生物分類學中被稱為「咖啡屬」（Coffea）。隨著科學家不斷發現新品種，「咖啡屬」的分類方式也不斷在進化。無人確知「咖啡屬」的實際數量，但到目前為止已經確認的大約有124種，比20年前多了不只一倍。

野生的咖啡主要生長於馬達加斯加及非洲，還有馬斯克林群島（Mascarene Islands）、科摩洛（Comoros）、亞洲和澳洲。作為經濟作物大量種植的只有阿拉比卡種（Coffea Arabica，俗稱阿拉比卡）以及加納弗拉種（Coffea Canephora，俗稱羅布斯塔），約佔全球產量的99％。據信阿拉比卡種是在衣索比亞與南蘇丹交界處由加納弗拉種及歐基尼奧伊德斯種（Coffea Eugenioides）混種而成。有些國家則種植少量的賴比瑞亞種（Coffea Liberica）及依克賽爾塞種（Coffea Excelsa）以滿足當地需求。

阿拉比卡與羅布斯塔

阿拉比卡的栽培種類繁多，有關其如何散播世界各地的紀錄不全且部分矛盾，可以確定的是在衣索比亞及南蘇丹的數千種原始品種中，只有少部分被帶離非洲，首先到葉門，接著傳到其他國家（p10～11）。

這些樹種被稱為「鐵比卡」（Typica），即「普通」咖啡之總稱。種在爪哇的鐵比卡樹可說是傳播到世界各地之咖啡樹的基因始祖。另一種較為人所知的是波旁種（Bourbon），為鐵比卡種的自然突變，大約出現於18世紀中到19世紀末的波旁島（也就是現在的留尼旺島）。現今大部分的品種都是鐵比卡種或波旁種的自然突變或人工改良品種。

加納弗拉種為西非的土生植物，種植於爪哇並傳播到幾乎全球阿拉比卡生產國的咖啡幼苗便是來自比屬剛果。這些品種為數眾多，不過一般都簡單稱之為羅布斯塔。此外，為了創造出新品種，阿拉比卡與羅布斯塔常被種植在一起。

影響咖啡外觀與口感的因素眾多，例如土壤、日照、降雨型態、風勢、蟲害以及病害。許多品種在基因上大同小異，但在名稱上則因地制宜，這使得要正確標誌阿拉比卡及羅布斯塔的演化相當困難。下下一頁的咖啡族譜則標出了一些最常栽種的品種。

咖啡屬

降雨型態

不論農場所在地是終年有雨或乾溼季分明，咖啡的花期都取決於降雨型態。

日照

大多數的品種偏好全蔭或半日照，部分則被培育成接受全日照。

風勢

冷熱空氣的流動會影響咖啡果的熟成與口感。

咖啡屬

界：植物界
綱：木賊綱
亞綱：本蘭亞綱
總目：菊總目
目：龍膽目
科：茜草科
亞科：仙丹花亞科
族：咖啡族
屬：咖啡屬
主要商業品種：
阿拉比卡種、加納弗拉種
（俗稱羅布斯塔）

果實串

咖啡果會沿著枝條生長成串。

咖啡花

咖啡花帶有香氣，聞起來像茉莉。

未熟的咖啡果

果實成熟前是綠色、堅硬的。

軟化的咖啡果

果實慢慢變色並軟化。

成熟的咖啡果

大多數的果實會變成紅色，少數品種例外。

過熟的咖啡果

顏色變深的果實較甜，但即將腐敗。

橫截面圖

每一顆果實都包含果膠層、內果皮（羊皮層）及種子（p16）。

咖啡家族 THE FAMILY TREE

這棵簡化的族系樹有助於解釋咖啡家族裡的主要關係。隨著植物學家不斷發現風味與特性相異的新品種，這棵族系樹將持續生長茁壯下去。

所有現存咖啡品種之間的關係需要更多研究才能釐清。目前這張圖表標示了屬於茜草科的四種品種：賴比瑞亞、羅布斯塔、阿拉比卡與依克賽爾塞。在這四種品種中，只有阿拉比卡與羅布斯塔為經濟作物（p12～13）。通稱為羅布斯塔的加納弗拉種，一般被認為在品質上不如阿拉比卡種。

阿拉比卡種下主要有原生種、鐵比卡種、波旁種及鐵波混種。羅布斯塔種偶爾也會和阿拉比卡種雜交產生新品種。

混種

羅素娜　卡帝汶＋鐵比卡

阿拉巴斯塔　阿拉比卡＋羅布斯塔

德筏麥奇　阿拉比卡＋羅布斯塔

帝汶混血品種　阿拉比卡＋羅布斯塔

依卡圖　波旁＋羅布斯塔＋蒙多諾渥

魯伊魯11號　羅米蘇丹＋K7＋SL 28＋卡帝汶

莎奇汶　薇拉莎奇＋帝汶混血品種

加納弗拉種（羅布斯塔）

賴比瑞亞種

命名玄機

阿拉比卡種通常是以其原產地命名，有時會有拼字及俗名的差異，例如Geisha及Gesha皆為「瑰夏種」，又稱作「阿比西尼亞種」（Abyssinian）。

安納瑞亞

羅米蘇丹

迪拉

瓦利秀

德加

瑞姆棒

瑰夏／
阿比西尼亞

阿魯夏

艾吉

塔法瑞
卡拉

吉瑪

阿加羅

咖法

N39

卡杜拉

米比里濟

波旁尖身／
勞莉娜

提克士

摩卡

K7

傑克遜

帕卡斯

SL 28

薇拉莎奇

阿凱亞

SL 28

混種

阿凱亞　蘇門答臘＋波旁
蒙多諾渥　蘇門答臘＋波旁
卡杜艾　新世界＋卡杜拉
瑪拉卡杜拉　象豆＋卡杜拉
帕克瑪拉　帕卡斯＋象豆
帕伽科利斯　卡杜拉＋帕伽

聖伯爾南多

肯特

象豆

帕伽

蘇門答臘

可那

藍山

薇拉羅伯

聖拉蒙

爪哇

衣索比亞原生種

波旁

鐵比卡

阿拉比卡種

依克賽爾塞種

茜草科

栽種與採收
GROWING AND HARVEST

咖啡樹為常綠灌木，栽種在氣候與緯度適宜的70餘國，受到悉心照料，種植約3～5年後才開花，並結出像櫻桃般的咖啡果。

咖啡果在採收期間從樹上被摘取下來，每顆果實含有兩粒種子，經過處理後（p20～23）便成了咖啡豆。作為經濟作物的咖啡樹品種主要有阿拉比卡種及羅布斯塔種（p12～13）。羅布斯塔種的產能高、抗蟲病力佳、富含土味，通常先在苗圃插枝育種，幾個月後才移植到莊園栽種。阿拉比卡種的栽培則多靠種子繁殖（如下），其咖啡果之風味通常較佳。

栽種阿拉比卡

以健康的阿拉比卡樹為母株，由其成熟的果實中取出種子，進行一連串的栽種過程。

3個月　　4個月　　5個月

在去除果實的果皮、果肉後，將帶有內果皮的**種子**播種於苗圃。

種子發芽後，會長出主根並支撐起幼苗，狀似「阿兵哥」。

內果皮是一層保護殼。

銀皮是一層薄膜。

果膠或果肉是介於內果皮和外果皮間的一層含糖黏膠物。

每顆果實都包含兩粒種子，經過處理後，便成了所謂的「咖啡豆」（p20～23）。成雙的種子相對面平坦，但偶而會出現受精異常的果實，產生只有一粒型態圓滾的種子，稱為「圓豆（peaberry）」。

咖啡的花朵和果實對強風、日照、凍霜特別敏感，
這些栽種條件都將大幅影響咖啡的品質。

9個月

「阿兵哥」漸
漸長成一棵帶
有12～16葉的
小樹後，再移
植到莊園裡。

土壤在移植咖
啡樹時，必須
保留以保護其
根部。

3～5年

咖啡樹在繼續
種植至少3年
後，才會開第
一次花。

咖啡花
花開後，便慢慢
長成咖啡果。

3～5年

咖啡果在樹枝上成熟，
顏色漸漸變深直到可進
行採收（見下頁）。品
質最好的咖啡果生長在
遮蔭下，近赤道、高海
拔是幫助其達到最佳溫
度的必要條件。

採收期 HARVEST TIME

　　一年之中，阿拉比卡種或羅布斯塔種不論何時都在世界上某個角落被採收。有些國家或地區每年會密集採收一次，有些則是每年有兩次明確的採收期，甚至是長達整年之久的都有。

　　根據品種不同，咖啡樹能長高到數公尺不等，但為了方便進行較普遍的人工採收，通常會將其修剪至1.5公尺高。人工採收方式可分為一次或多次，也就是一次把未熟、成熟、過熟的果實通通採下來，或是在採收期間分成數次採收，每次只摘取已經熟成的果實。

　　有些國家會使用機器採收，將枝條脫光，或輕搖樹幹使熟成的果實脫落集中。

樹種產量

　　若是照料得宜，一棵健康的阿拉比卡種咖啡樹每季能夠產出大約1～5公斤的咖啡果，而大約5～6公斤的咖啡果能收集出1公斤的咖啡豆。不論是脫枝或人工、機器挑選摘採下來的咖啡果，都必須經過好幾道水洗式或乾燥式的手續處理（p20～23）取出咖啡豆，再依照品質分類。

未成熟的阿拉比卡果實
又大又圓的阿拉比卡種咖啡果每簇大約有10～20顆，成熟時會從枝條上掉落，因此必須細心監控並時常撿收。咖啡樹能長到3～4公尺高。

已成熟的羅布斯塔果實
羅布斯塔種咖啡樹能生長達到10～12公尺高，採集者可以使用梯子進行採收。每簇約有40～50顆小而圓的果實，成熟時並不會掉落到地面。

阿拉比卡 VS 羅布斯塔

咖啡樹的兩大品種在植物學及化學上擁有截然不同的特徵及品質，在在決定其能夠自然生長並永續量產的地區，不但影響咖啡豆之分類及價格，更是其風味的指標。

特徵	阿拉比卡種	羅布斯塔種
染色體　阿拉比卡種的染色體結構說明了為何其咖啡豆的風味如此複雜多變。	44條	22條　　　羅布斯塔種咖啡豆
根部結構　羅布斯塔種的根部碩大，分布較淺，所需的土壤深度及孔隙率與阿拉比卡種不同。	**深**　每棵咖啡樹間應該保持1.5公尺的距離，確保其根部有寬裕的伸展空間。	**淺**　每棵咖啡樹間必須保持至少2公尺的距離
理想氣溫　咖啡樹極易受到霜害，因此必須避免種植在會受低溫侵襲之處。	**15～25℃**　阿拉比卡種適合生長於溫和的氣候。	**20～30℃**　羅布斯塔種能夠承受高溫。
高度及緯度　兩種咖啡樹皆生長於南北回歸線之間。	**海拔900～2000公尺**　高海拔的地方較能滿足其所需的溫度及雨量。	**海拔0～900公尺**　羅布斯塔種不需涼快的氣溫，因此種於低海拔。
雨量　降雨有助於咖啡樹開花，但過與不及對其花朵與果實皆有害。	**1500～2500毫米**　阿拉比卡種的根部較深，因此可在頂層土壤乾燥的情況下生長。	**2000～3000毫米**　羅布斯塔種的根部較淺，因此需要頻率較高、雨量較多的降雨。
花期　兩種咖啡樹都在降雨後開花，但受降雨頻率影響而有所不同。	**降雨後**　阿拉比卡種栽種於濕季明顯的區域，因此較易預測其開花時間。	**不規律**　羅布斯塔種栽種於氣候較不穩定、乾燥的區域，因此開花時間較不固定。
結果時間　不同品種由開花到結出成熟果實的時間長短不一。	**9個月**　阿拉比卡種所需的成熟時間較短，使得生長週期外有充裕的時間修剪及施肥。	**10～11個月**　羅布斯塔種的成熟速度較慢、時間較長，採收期較不密集。
咖啡豆含油量　含油量影響芳香，因此是芳香度的指標。	**15～17%**　高含油量使其觸感光滑柔順。	**10～12%**　低含油量使羅布斯塔種濃縮咖啡有層濃厚穩定的咖啡脂。
咖啡豆含糖量　烘培咖啡豆時會改變其含糖量口感較，影響其酸度及口感。	**6～9%**	**3～7%**　甜度較阿拉比卡種咖啡豆低，口感較苦澀，留有綿長的強烈餘韻。
咖啡豆咖啡因含量　咖啡因是天然的殺蟲劑，因此高含量可增強咖啡樹的抗蟲力。	**0.8～1.4%**　阿拉比卡種咖啡豆	**1.7～4%**　高咖啡因含量使其較不受盛行於濕熱氣候的疾病、菌類、昆蟲侵害。

處理法 PROCESSING

在變成咖啡豆之前，咖啡果必須經過處理。世界各地的處理方式不盡相同，但主要可分為乾式（日曬法）或濕式（水洗法或半日曬法）。

咖啡果在完全成熟時最為甘甜，因此最好在採收後幾小時內處理，以保存其風味。處理過程能夠造就一杯好咖啡，但也可能加以破壞。如果沒有小心進行，就算是再怎麼悉心栽種與採收的咖啡果都有可能毀於一旦。

咖啡果的處理方式有很多種。有些咖啡農選擇自行加工，他們擁有自己的機器，在售出前對其咖啡豆採完全控管。有些咖啡農則將咖啡果賣給集中作業站，交由其負責曬乾及／或脫殼。

準備階段

兩種處理方式的起始步驟相異，但目的相同，都是為了之後進行咖啡果的乾處理而準備。

① 將咖啡果倒入水槽。一般是將未熟及成熟的果實通通倒入，但最好的做法是只挑選最成熟的果實。

② 將果實放進脫皮機去除外果皮（p16）。機器會脫去外果皮，但保持果膠部分的完整。脫下的果皮可作為莊園、苗圃的堆肥或肥料。

③ 將果膠包覆的咖啡豆依照重量分批擺放。

溼式

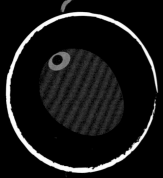

咖啡果
新鮮的咖啡果有兩種處理方式，一種是上方較為繁複的水洗法，另一種則是下方的沖洗日曬法。

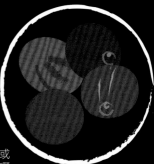

乾式

日曬法 NATURAL

① 將所有咖啡果快速沖洗或浸泡，使之與其他雜質分離。

② 將果實取出移至天井或架高的棚架，擺放曝曬約兩週。

在日曬下，咖啡果逐漸失去鮮豔色彩，並乾枯皺縮。

半日曬法／蜜處理法 PULPED NATURAL

④ 將含糖果膠包覆的咖啡豆置於天井或戶外空地曬乾。通常會鋪成2.5～5公分厚，並定時耙翻以確保均勻乾燥。

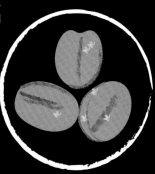

幾天後，一層含糖黏膠狀的果膠仍然包覆著濕潤的咖啡豆。

⑤ 根據氣候，將咖啡豆放置7～12天自然陰乾。若是咖啡豆太快乾燥，則會產生缺陷、縮短倉儲時間、影響風味。有些地方會使用機器來輔助咖啡豆乾燥。

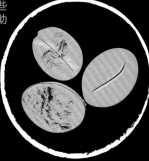

完全乾燥後，帶有內果皮的咖啡豆看起來有點淡紅或棕色的斑駁。

水洗法　WASHED

④ 咖啡豆在水槽裡浸泡並發酵12～72小時，直到果膠崩裂脫離。有時會浸泡兩回以帶出香氣或改變外觀。

⑤ 果肉完全移除後，將內果皮包覆的乾淨咖啡豆取出移至水泥地或架高的棚架曬乾4～10日。

⑥ 以人工方式挑選內果皮包覆的咖啡豆，將受損的咖啡豆剔除，並翻動助其乾燥。

乾燥後，內果皮包覆的咖啡豆將呈現乾淨一致的米黃色。

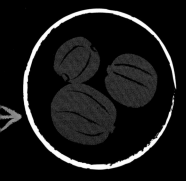

經過日曬乾燥後，咖啡果會縮水變成褐色。

一般來說，
溼式處理能醞釀出
咖啡豆內在的天然香氣。

乾處理階段 ⟶

乾處理階段

　　將經過日曬法、半日曬法或水洗法處理過的乾
燥咖啡豆靜置兩個月後,再於乾處理廠進行加工。

半日曬法

水洗法

日曬法

**生產者將咖啡豆
依據品質分門別類。**

① 咖啡豆在內果
皮待了一陣子
後,便送至乾
處理場。

② 乾處理廠將乾燥的果皮
及銀皮去除,露出內部
綠色的咖啡豆。

③ 咖啡豆被置於桌子或輸送帶
上,以機器或人工依照品質
高低進行分類。

**在咖啡界裡,
各式各樣的買家都有,
從最便宜的次級品
到最昂貴的頂級貨都有收購**

咖啡豆一旦裝櫃上船後，
通常得花2～4週飄洋過海才能抵達目的地。

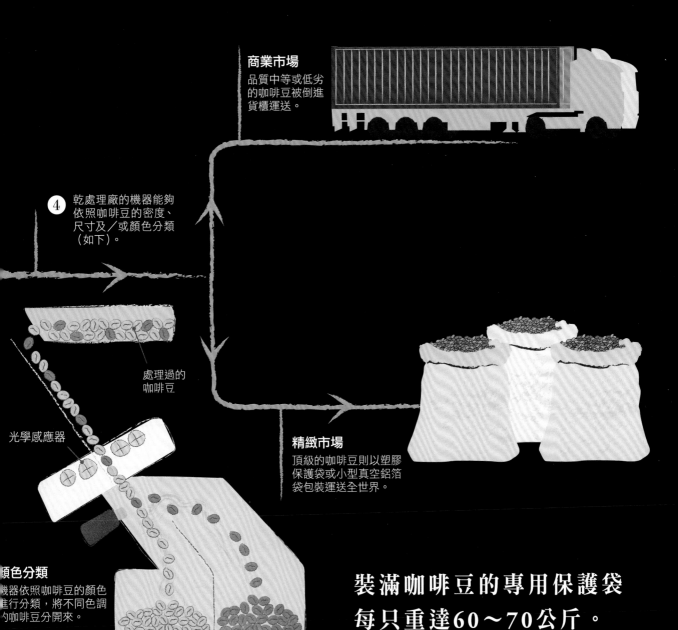

商業市場
品質中等或低劣的咖啡豆被倒進貨櫃運送。

④ 乾處理廠的機器能夠依照咖啡豆的密度、尺寸及／或顏色分類（如下）。

處理過的咖啡豆

光學感應器

精緻市場
頂級的咖啡豆則以塑膠保護袋或小型真空鋁箔袋包裝運送全世界。

顏色分類
機器依照咖啡豆的顏色進行分類，將不同色調的咖啡豆分開來。

裝滿咖啡豆的專用保護袋
每只重達60～70公斤。

杯測 CUPPING

很多人認真品酒，但喝起咖啡卻隨隨便便。其實對咖啡的評析——「杯測」可以帶你領略前所未有的細緻風味，讓你能夠分辨鑑賞不同的咖啡。

咖啡產業利用杯測來衡量與控管咖啡豆的品質。透過一只杯測碗，你能夠對該批咖啡豆有個快速大概的瞭解，不管是少數幾袋的「微批次」或好幾貨櫃的「大批次」都適用。而杯測結果通常是以百分制來表示。

從出口商到進口商、烘焙師到調理師，整個業界都在施行杯測。咖啡公司聘請專業杯測師替其尋覓、品嚐、挑選世界上最棒的咖啡豆，甚至有國家或國際級的杯測競賽，讓頂級的杯測師們切磋較勁。越來越多站在第一線的咖啡農與精製場也紛紛加入杯測的行列。

在家也能輕鬆杯測，畢竟要決定自己喜歡或討厭一杯咖啡，並不需要什麼專業知識。要熟悉描述各種風味的詞彙的確得花點時間，但對世界各地不同的咖啡進行杯測，能夠讓你很快就接觸到許多用語，慢慢地你也能成為杯測高手。

 所需材料

器具
磨豆機
電子秤
250 的耐熱磁杯、玻璃杯或碗
（若無此大小的容器，可以電子秤或量杯確認每份皆有相同的水量）

材料
咖啡豆

如何杯測

你可以每種咖啡各準備一杯來仔細探索其風味，或是一次好幾杯。你可選擇沖泡已磨好的現成咖啡粉，但自己研磨的咖啡喝起來會新鮮許多（p36～39）。

1 在各杯倒進12g的咖啡豆，分別研磨至顆粒大小如沙礫狀後，再倒回原杯（見「TIP」）。

2 以相同步驟處理其他咖啡豆，但在研磨另一種咖啡豆前，先取一湯匙該種咖啡豆研磨後並丟棄，以藉此「清洗」磨豆機，再研磨實際杯測的分量。

3 所有杯子皆裝妥研磨好的咖啡粉後，靠近聞一聞，比較各種咖啡的乾香氣並記錄下來。

TIP
就算同一種咖啡豆要由多人杯測，也必須分批研磨，如此一來即便其中有一粒壞豆，也只會影響到其中一杯而非全部。

4 將清水煮沸，然後放涼到大約93～96℃後，再倒入杯中，務必使咖啡粉完全浸泡。將各杯一次裝滿，並使用磅秤／量杯確保所添加之水量正確。

5 讓咖啡靜置4分鐘。此時可評比「粉層（CRUST）」——漂浮在上層的咖啡渣——的溼香氣，但小心別提起或碰撞到杯子。不同咖啡的溼香氣可能有濃淡、好壞之分。

6 等待4分鐘後，用湯匙輕輕攪拌咖啡表面三次，將咖啡渣撥開（破渣），使漂浮在上的咖啡粉沉澱。在攪拌不同杯咖啡前，先用熱水清洗湯匙，避免混淆風味。在破渣時，湊近杯口聞聞釋放出來的香氣，看看與前一步驟所聞到的相比是否有所變化。

7 各杯皆破渣後，用兩支湯匙將漂浮在表層的泡沫及咖啡渣撈起，撈下一杯前一樣先用熱水清洗。

8 當咖啡降溫可飲用時，舀一匙咖啡起來，並伴隨些許空氣一起啜吸進入口中，使香氣布滿嗅覺系統、汁液覆蓋整個上顎。感受其口感及風味，上顎的感覺如何？稀薄、油膩、溫和、粗糙、雅致、乏味、或柔滑？嘗起來像什麼？是否讓你想起其他曾經嘗過的東西？你能選出與其風味相似的核果、漿果或香料嗎？

9 來回比較各杯咖啡。待其冷卻、質變後再重新品嚐，並且透過筆記來幫助你分類、描述、保存結果。

水冷卻得比你想像的還要快，所以目標溫度一到就要盡快注入。

咖啡渣在攪拌前不應該塌陷，否則便是水溫太低或烘焙不足。

破渣後，使用兩支湯匙將頂層的部分撈起。

感受口感以及風味，是柔順、黏甜、雅致、還是粗糙？餘韻相比又是如何？

風味評鑑
FLAVOUR APPRECIATION

咖啡富含各式各樣的香氣及風味。要盡情享用咖啡，先得辨識出這些細微差異。

要改善你的味蕾非常容易，只要勤加練習即可。「杯測」（p24～25）經驗越多，分辨不同咖啡的能力就越強。這四個風味輪（flavour wheel）是相當好用的工具，好好留著，能夠幫助你分辨並比較各種咖啡的香氣、風味、口感、酸質以及餘韻。

如何使用風味輪

首先，用大的風味輪辨識出主要的風味，直搗其物種概略。接著，用酸質、口感、餘韻輪來進一步分析實體味覺。

1 **裝杯** 用鼻子吸氣，參照風味輪後想一想。例如，你覺得像堅果嗎？如果是，那麼是像榛果、花生、還是扁桃呢？

2 **啜飲** 再看一次風味輪，有水果的味道或香料的殘餘嗎？除了有什麼，也問問自己少了什麼。辨識出大的方向，例如水果，接著再仔細思考，決定比較像核果還是柑橘。如果是柑橘，那麼是檸檬還是葡萄柚呢？

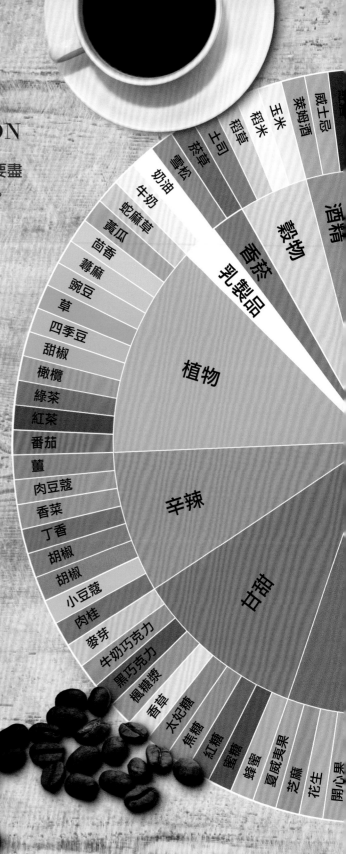

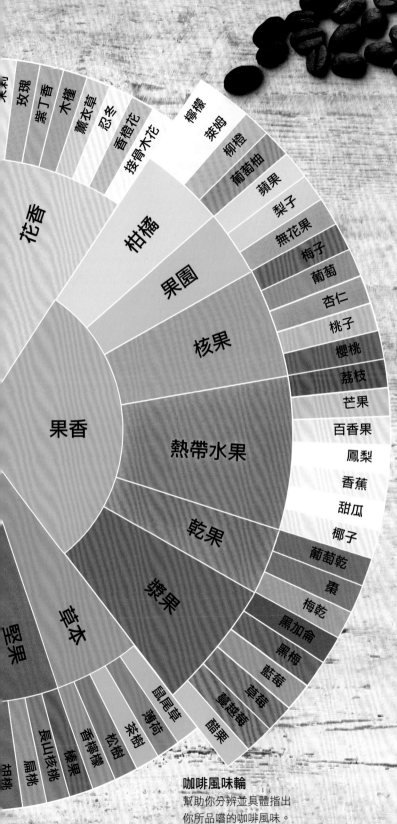

3 **再次啜飲**　適度的酸質能夠增添新鮮度。你覺得酸質是明亮、強烈、芳醇、還是單調呢？

4 **專注口感**　咖啡有濃有淡，你的喝起來在嘴裡感覺是柔順而稠密、還是淡薄而清爽呢？

5 **吞嚥口感**　是綿綿不絕還是稍縱即逝呢？餘韻是中性、苦澀、還是令人不悦呢？從餘韻輪裡找找有沒有適合的詞來描述你的咖啡吧！

咖啡風味輪
幫助你分辨並具體指出
你所品嚐的咖啡風味。

咖啡知多少
COFFEE KNOW-HOW

品質指標
INDICATORS OF QUALITY

咖啡公司在包裝上使用專門的術語來標示他們的咖啡，有時直接了當地誤導，偶爾是令人難解困惑。認識這些術語將有助你挑選心儀的咖啡。

辨識咖啡豆

有些咖啡包裝只標明是阿拉比卡或羅布斯塔（兩大咖啡品種，p12～13），這就好比告訴你一瓶酒是紅酒還是白酒，所得的資訊依舊不足以讓你做出明智的選購。儘管羅布斯塔一般來說是遜於阿拉比卡，但僅僅標榜「純阿拉比卡」的產品仍然是一種品質上的誤導。優良的羅布斯塔咖啡確實存在，但是相當稀有，因此購買阿拉比卡通常是比較安全的賭注。不過市面上劣質的阿拉比卡也不少，那麼，明智的消費者該注意標籤上的哪些資訊呢？

頂級的咖啡豆通常會有相當詳細的說明，例如產地、品種、製法、以及風味（p33）。消費者對咖啡品質的瞭解已逐漸提升，因此，烘焙商也明白唯有誠實以及明確的生產履歷，才是確保消費者信賴的上上策。

綜合 VS 單品

商業咖啡或精緻咖啡公司經常都會將其產品標示為「綜合（blend）」或「單品（single origin）」，這項資訊有助消費者瞭解咖啡的出處。「綜合咖啡」是由數款咖啡豆混合而成，藉此調配出特定的風味，而「單品咖啡」則是出自單一國家或莊園的某種咖啡豆。

綜合咖啡

綜合咖啡之所以受歡迎是有原因的，其一年四季穩定的風味品質便是最大的賣點。在商業界，綜合咖啡的原料及比例是高度機密，產品標籤也不會透漏咖啡豆的種類及來源。精緻烘焙商則是在包裝上清楚標示並大肆宣揚其產品成分，解釋各種咖啡豆的特色及其如何相互調和（見對頁之綜合咖啡範例）。

單品咖啡

「單品咖啡」一詞主要是指來自單一國家的咖啡。不過，單靠國別來區分咖啡還是太籠統，畢竟單一國家指的可能是該國數個地區或莊園、或是不同品種及製法的綜合，也不一定保證品質，例如純巴西豆或純某國豆，並不表示其咖啡就是百分之百優良。同樣地，你也看不出其風味如何，畢竟來自同一地區的兩種咖啡嘗起來可能大相逕庭。

「綜合咖啡」混合了來自世界各地的咖啡豆，「單品咖啡」則是指來自同一個國家、公司或農場的咖啡。

當精緻咖啡商在包裝上標示「單品」時，通常是想傳遞更明確的資訊：這咖啡來自某一座農場、某一間公司、某一條生產線或某一個咖啡農家。這些來源單純的咖啡常常以限量或季節性行銷，不一定一年到頭都買得到，不過只要產能持續又風味絕佳，將一味永流傳。

咖啡禮讚

不論是單品還是綜合，只要咖啡豆在種植和處理的過程中都受到妥善照顧，小心運送並依照其特性加以烘焙，就是對咖啡之獨特細緻的最佳禮讚。精緻咖啡商以此製程自豪，因此端出的是品質最頂級的咖啡。

綜合咖啡示例

烘焙師透過綜合咖啡創造出混搭的風味。以下就是一種綜合咖啡的絕佳示例，說明文字清楚交代了各種咖啡豆的來源以及其所帶入的特性。

20％的SL28
（肯亞雙A級，水洗式）

明亮酸味、黑加侖莓味

綜合咖啡

水果、堅果以及巧克力的多重綜合，帶著甘甜的餘韻以及糖漿似的口感。

30％的卡杜拉
（尼加拉瓜，水洗式）

香烤榛果、焦糖
甘甜、牛奶巧克力

50％的波旁
（薩爾瓦多，半日曬式）

均衡、梅子、
蘋果、太妃糖

挑選與儲藏 CHOOSING AND STORING

　　如今要找到品質好的咖啡在家沖煮可說是前所未有的便利，即使住處附近沒有精緻咖啡廳也沒關係，許多咖啡烘焙商都在網路上販售，並供應沖煮器具，告訴你如何用他們的豆子泡出上好的咖啡。

挑選

購買地點

　　儘管咖啡也是一種講究新鮮的貨品，但鮮少超市有此概念，因此，在專賣咖啡的實體或網路商店較有機會購得質好味鮮的咖啡豆。然而，要在眾多選項及怪異敘述中理出頭緒，可不是一件容易的事。在選定一間你認為值得信賴的咖啡供應商前，務必先做點功課，注意幾項關鍵資訊，例如咖啡豆的介紹及包裝，依靠你的味蕾，多方比較並勇於嘗試，直到尋獲符合你心中品質的那一家為止。

存放
若你購買散裝的咖啡豆，務必確定其烘焙日期。最好是以有蓋容器盛裝，否則非密封包裝者只消幾天時間就會漸漸失去其鮮度。

秤重
「少量即多鮮」，可以的話，一次只購買幾天或是一週所需的咖啡豆用量就好，例如每次只買100g。

包裝標示

　　許多咖啡在販售時包裝精美，但所提供的產品資訊卻少得可憐。若你能找到的相關資訊越多，則買到高品質咖啡的機會就越大。

單向排氣閥

新鮮的咖啡豆在烘焙後會排放二氧化碳，如果包裝不慎，導致二氧化碳排出而氧氣滲入，則原有的獨特芳香將流失。有氣閥的包裝袋將咖啡豆密封在二氧化碳能出但氧氣不能入的空間，避免咖啡豆氧化變質。

日期

包裝上應該印有「烘焙暨包裝日期」，而非只有「最佳賞味期限」。大多數的商業咖啡公司都不願透露其咖啡於何時烘焙或包裝，而只給個長達一年或兩年的最佳賞味期限，這對咖啡本身或身為其消費者的你都不好。

出處

這項標示應該告訴你該款咖啡的品種及／或變種、產地，是綜合或單品（p30～31）。

烘焙度

烘焙度的標示相當實用，可惜其用語尚未標準化。「中度烘焙（medium roast）」依照個人標準可能指各種深淺不一的棕色，「濾泡烘焙（filter roast）」一般指的是比較淺色系，「濃縮烘焙（espresso roast）」則是深色系。不過，某位烘豆師的「濾泡烘焙」也有可能比另一位烘豆師的「濃縮烘焙」顏色來得深。內行的零售商應該可以推薦符合你個人喜好的烘焙度。

FINCA LA SAETA
DE CORAZON
哥倫比亞／薇拉／皮塔利托
瑪格麗塔·瑪麗亞
莎拉賽·胡爾塔斯

100%卡杜拉半日照種植

淺中焙
適合過濾式沖泡

本產品為精美的**水洗式咖啡豆**，由莎拉賽女士種植在皮塔利托外兩公頃的農場，海拔高度達1,700公尺。在你杯中波光熠熠，帶有**鮮明的香茅酸**、野玫瑰果、青蘋果以及蜂蜜味，伴隨著**精緻濃郁的奶油口感**。

戀戀咖啡烘焙公司

生產履歷

最理想的是你能夠找到公司、水洗廠、大莊園、農場主人或經理的名字。咖啡的生產履歷越清楚，則品質越有保障、價格越合理、從生產者到零售商的所有過程越妥善。

預期風味

必要的資訊還有咖啡的處理方式以及風味，甚至是海拔高度及有無遮蔭的資訊都可做為該咖啡豆的品質指標。

廉價與精緻咖啡間的價差之大
是許多人所無法想像的。

包裝

　　咖啡的天敵是氧氣、高溫、日光、濕氣及濃味。避免購買存放在開放容器或料斗的咖啡豆，除非該容器乾淨且有蓋子或遮板，並標示烘焙日期。若是缺乏悉心處理，這些容器是無法保存內容物的品質的。因此，盡量挑選裝在不透明且有單向排氣閥（能夠排放咖啡豆釋出的二氧化碳、避免氧氣滲入的塑膠小圓盤）密封袋內的咖啡豆。而牛皮紙袋所能提供的保護有限，所以這種咖啡豆只能算是散裝咖啡。真空包裝的咖啡豆也應該避免，因為這表示那些豆子在包裝前就已經停止排氣並開始腐敗。購買越新鮮的咖啡豆越好，畢竟烘焙後一週就算是老了。

一分錢就有一分貨嗎？

　　最便宜的咖啡肯定沒好貨，畢竟低價無法支應該有的生產成本。而昂貴的咖啡也要小心，因為供應商很可能砸大錢搞行銷，例如昂貴又以假貨居多的動物糞便咖啡或異國島嶼咖啡，所以消費者以高價購得的可能只是品牌形象，而非絕佳風味。事實上，品質高低的咖啡價差並沒有那麼大，因此，要沖一杯真正的好咖啡絕對是你我都付擔得起，高貴而不貴的享受之一。

TIP

越來越多注重品質的咖啡廳紛紛推出單杯咖啡壓濾器，例如愛樂壓（AeroPress），並搭配其自家的咖啡豆銷售。可以請咖啡調理師推薦並指導你使用，自己沖煮一杯專業的咖啡。

保存

　　購買未研磨的咖啡豆並投資一臺家用磨豆機，是確保你在家喝到新鮮咖啡的最佳方式。事先研磨好的咖啡粉只消幾小時就會變質，而完整的咖啡豆則可保鮮數日，若是密封妥當，甚至可達數週之久。此外，每次購買一至兩週的飲用分量即可。記得：購買未研磨的咖啡豆，投資一臺手動或自動的家用磨豆機（p36～39），並且研磨每次沖泡所需的分量就好。

請這樣保存

　　將咖啡豆存放在密封的容器內，置於乾燥陰涼且遠離異味處。若是包裝袋不符上述條件，則將包裝袋置於保鮮盒或類似的容器內。

別這樣保存

　　避免將咖啡豆存放在冰箱裡，但若有長期保存的需要，則將其冷凍，且每次只拿出要沖泡的分量解凍。已經解凍過的咖啡豆則不要再重複冷凍。

比較變質與新鮮的咖啡

新鮮且烘焙良好的咖啡應該具備濃郁甘甜的香氣，而非刺鼻、酸溜或金屬味。二氧化碳的含量是新鮮度的最佳指標。以下的視覺比較中，兩杯咖啡都是以「杯測」法（p24～25）進行沖泡。

新鮮咖啡
當新鮮咖啡所含的二氧化碳與水起化學反應時，會在表層產生泡沫，持續一兩分鐘後才停歇，此現象被稱為「bloom」。

變質咖啡
變質咖啡不含或僅有些許二氧化碳可與水起化學反應，因此形成的是平坦黯淡的薄層。咖啡粉可能非常乾燥，難以浸溼。

研磨 GRINDING

許多人花錢投資昂貴的咖啡沖煮器具，卻不曉得提升自製咖啡品質與導出正確口感最簡單的方法之一，就是用好的磨豆機研磨新鮮的咖啡豆。

對的磨豆機

沖煮義式濃縮咖啡及手沖咖啡所適用的磨豆機是不同的（如p37～38所示），因此務必挑選一臺針對你個人偏好的煮法所設計的磨豆機。要注意兩種磨豆機各自還是有許多變化差異。

螺旋式磨豆機最常見，只要壓著「啟動」鍵，就能不斷旋轉砍豆。但即便使用計時器來控制研磨時間及程度，也很難磨出兩杯顆粒大小一致的咖啡，尤其若是每次改變分量時更是如此。螺旋式磨豆機很容易造成杯底殘留過大的咖啡顆粒，尤其是使用法式壓壺沖煮時更加嚴重。螺旋式磨豆機唯一的好處就是價格親民，但若你想更

上一層樓，那就多花點錢買臺錐形或平刀（如下圖）鋸齒式磨豆機吧！鋸齒式磨豆機研磨出的粉末大小較為一致，有利均衡的萃取。有些磨豆機可以分段調整研磨度，有些則可任意做無段式的微調。鋸齒式磨豆機不見得很貴，尤其是手搖式。不過，若是口袋夠深或每日研磨大量咖啡，那麼就選擇電動的吧！電動磨豆機通常有定時器，可做固定研磨分量之用。記得：同樣研磨30g的咖啡豆時，設定顆粒較粗時所需的研磨時間較短，設定顆粒較細時所需的研磨時間則較長。

錐形磨盤
錐形磨盤比平刀鋸齒耐用，大約研磨750～1,000kg後才需更換。

平刀磨盤
平刀磨盤式磨豆機通常比較便宜，但是大約研磨250～600kg後就必須更換。

手沖磨豆機

　　此類磨豆機較義式磨豆機便宜，研磨度也可調整，但一般無法磨出適合義式濃縮咖啡的細度。此類磨豆機也很少配備分量器。

　　如前頁所述，避免購買使用螺旋刀葉將咖啡豆砍碎的磨豆機，這種機器不但難以控制，容易磨出極細而萃取過度或好幾塊過大而難以萃取的咖啡粉粒，導致風味失衡，就算再好的豆子與再棒的沖煮都無法挽救。

漏斗
挑選附有漏斗的磨豆機，且漏斗大小可容納每次固定研磨的咖啡豆分量。

定時轉盤
有些磨豆機有定時功能，能自動停止研磨。

研磨度調整
挑選容易調整而不需大費周章的磨豆機。

電動手沖磨豆機
使用方便且快速。別忘了定期以專用清潔錠清洗。

儲粉槽
避免將咖啡粉存放在儲粉槽，每次只研磨該次沖泡所需的分量。

手動手沖磨豆機
手動磨豆機需要一點耐心和肌力，但對研磨量少或需要新鮮咖啡而無電可用者相當適合。

義式磨豆機

　　為了達到精細的研磨度，義式磨豆機通常配備無段式微調，並且有分量器，重量比手沖磨豆機要重，馬達相當有分量，價位也比較高，但若想在家裡來杯好的義式濃縮咖啡，義式磨豆機是必要的投資。

漏斗

多數磨豆機具備能夠一次盛裝1公斤咖啡豆的漏斗，不過為了保持咖啡新鮮，每次裝入大概兩天的沖煮分量即可。

無段式微調

讓你隨心所欲磨出想要的顆粒大小。

磨盤

好的義式磨豆機應該具備平刀或錐形磨盤（p36）。

分量器

有些磨豆機具備電子計時功能，可準確研磨每杯所需的分量，減少浪費。

義式磨豆機

要沖煮義式濃縮咖啡，必須要有專門的義式磨豆機，而且只拿來磨義式濃縮咖啡要用的咖啡豆。由於要沖煮一杯好的義式濃縮咖啡，需要花時間與一些豆子才能將磨豆機校正至正確的研磨度，因此，若是在一天之中來回調校義式與手沖咖啡適用的刻度，將會浪費大把時間與寶貴的咖啡豆。

開關

若是磨豆機沒有分量器，只要切換開關來控制研磨時間即可。

適合不同沖泡法的研磨度

沖泡法	研磨度

土耳其咖啡壺

用土耳其咖啡壺沖煮咖啡所需的咖啡豆必須磨至細粉狀，才能在沖煮過程中萃取出完整的風味。大多數的磨豆機無法做到如此，需要特別的手搖磨豆機才有辦法。

極細研磨　　　　　　　　　　特寫

義式咖啡機

義式濃縮咖啡是最不能容許失誤的沖煮法，咖啡粉的顆粒大小必須恰到好處，才能萃取出均勻的風味。

細研磨　　　　　　　　　　　特寫

手沖咖啡

中研磨的咖啡豆適合許多沖煮法，包括濾泡式、濾布式、摩卡壺、電動滴濾式及冰滴式。你可在容許範圍內增減咖啡豆的分量，磨出個人偏好的研磨度。

中粗研磨　　　　　　　　　　特寫

法式壓壺

法式壓壺無過濾裝置，因此水分有充足的時間滲透粗研磨的咖啡豆細胞結構，有助分解可溶的宜人物質，同時避免過度的苦味。

粗研磨　　　　　　　　　　　特寫

水質測試
TESTING THE WATE

一杯咖啡有98～99％的成分是水，因此用來沖煮咖啡的水質對其風味有極大的影響。

活性碳濾心
活性碳能吸收雜質。

濾水器
定期更換濾心（大約每過濾100公升的水便需更換，水質過硬時須更加頻繁）。

水裡有什麼？

用來沖煮咖啡的水必須無色無味。影響沖煮結果的礦物質、鹽分、金屬可能無法透過視覺或味覺體察。有些地區的水質乾淨柔軟，有些地區則含有化學氣味，例如氯或氨。若是你所在的地區水質過硬，則由於水分裡已充滿礦物質，因此無法充分萃取出咖啡的精華，導致風味淡薄，此時可能就需要較多的咖啡豆或較細的咖啡粉來平衡。相反地，若是水質過軟或其中的礦物質被完全去除，則會導致咖啡過分萃取，溶出咖啡豆中的不良物質，使咖啡過苦或過酸。

水質檢測

在廚房裡就可自我檢測水質。沖煮兩碗咖啡進行杯測（如p24～25），使用相同的咖啡豆、研磨度及沖煮法，但一碗用自來水，另一碗用瓶裝水。分別品嚐後，將會發現先前未曾注意到的咖啡風味。

過濾

若是家中的自來水過硬而你又不想使用瓶裝水來沖煮咖啡，那麼買臺簡單的家用濾水器就可解決問題。你可以購買加裝在水管的濾水設備，或是可替換活性碳過濾器的水壺（如上圖）。水中礦物質的優化與否所導致的風味差異相當明顯，往往出乎飲用者意料之外。從自來水改用瓶裝或過濾水，是改善自製咖啡品質最簡單的方法之一。

氯 0 毫克

鹼性物質大約 40 毫克

酸鹼值7 鐵、錳、銅0毫克

鈉5～10 毫克

鈣30～80 毫克

總固體溶解量
100～200 毫克

完美組合
購買一套水質檢測組來分析用水。右圖是咖啡用水的目標檢測值，以每1公升的水量為基準。

如何解讀？

與萃取咖啡的水質最相關的指標是「總固體溶解量」（TDS），單位是毫克／公升（mg／L）或百萬分率（ppm），代表水中的有機及無機化合物總含量。「格令硬度（grains of hardness）」則是另一個用來描述水中鈣含量的詞。而酸鹼值應該為中性，過高或過低都會導致咖啡的風味平淡或不佳。

沖煮義式濃縮咖啡
BREWING ESPRESSO

義式濃縮咖啡是唯一使用幫浦加壓來沖煮咖啡的方法。在使用義式咖啡機沖煮咖啡時，水溫會保持在沸點以下，避免燙壞咖啡粉。

何謂義式濃縮咖啡？

沖煮義式濃縮咖啡的理論與實務百百種，從經典的義式到改良的美式，從北歐種到紐澳風。無論你偏好或採用哪一種，最好記得所謂「義式濃縮咖啡」只是一種沖煮法，好比一種飲品的名稱。許多人用這個詞來描述特定的烘焙色調，但事實上，任何程度的烘焙、隨便一種單品或混豆，只要你喜歡都可以拿來沖煮義式咖啡。

前置作業

除了機器原廠建議外，以下的一些準則能協助你更順利地在家沖煮出一杯美味的義式濃縮咖啡。

所需材料

器具
義式咖啡機
義式磨豆機
乾布
填壓器
填壓墊
清潔粉
清潔工具

原料
烘焙好的咖啡豆（完成靜置）

1　將乾淨的咖啡機裝滿清水，並將烘焙後靜置排氣1～2週的咖啡豆倒進磨豆機。讓咖啡機及沖煮把手充分預熱。

2　用乾布將沖煮把手的濾杯擦乾淨，確保不會沖煮到前次殘留的咖啡粉。

關於義式濃縮咖啡
正確的烘焙度及選豆理論，
可說是百家爭鳴，
但其實「義式濃縮咖啡」
就只是一種沖煮方式而已。

TIP

沖煮一杯好的義式濃縮
咖啡是需要練習的。試
著使用電子秤和小量杯
來調出正確的比例，並
隨時做紀錄。相信你的
味覺，慢慢實驗找出你
的最愛。

3　沖一些水經過沖煮頭使溫度穩定，
　並清洗分水網上殘餘的咖啡粉。

4　研磨咖啡豆，並根據濾杯大小及個人喜
　好，將16〜20g的咖啡粉倒進濾杯。

沖煮單杯

　　要能夠反覆持續沖煮出好的咖啡絕對不是一件簡單的事，而在家做義式濃縮咖啡跟其他沖煮法比起來更是一大挑戰。對於為了得到一杯美味的義式濃縮咖啡而投資相關器具的人來說，這不僅是每日的飲用習慣，更是一種特殊嗜好。沖泡

義式濃縮咖啡所用的咖啡豆必須精細地研磨，使咖啡粉有足夠的表面積讓水分充分萃取，得到的會是一杯小份、強烈又黏著的咖啡，並且帶有咖啡脂，能夠凸顯其優點，但也可能帶出咖啡豆本身、烘焙過程或前置作業中的缺失。

1 輕輕搖晃沖煮把手或將其輕敲吧檯，使咖啡粉均勻分布，也可使用指定的抹刀（如圖）。

2 使用與濾杯大小相符的填壓器，將其與濾杯水平擺放，再用力將咖啡粉向下壓成均勻厚實的硬塊，但不需施加過多的力道敲打或反覆填搗。

3 目標是將所有咖啡粉下壓形成結實均勻的咖啡粉層，使其足以承受水壓並讓水分流過時得到均勻的萃取。

TIP

在抹平咖啡粉層時不要同時下壓，用工具或手指將咖啡粉上下左右推動直到抹平為止。

沖煮義式濃縮咖啡可以是一種嗜好，
也可以是每日的飲用習慣。
雖然必須耗費一番工夫，
但精熟後將樂趣無窮。

TIP

在研磨得粗細適中且沖煮出一杯教人滿意的義式濃縮咖啡前，可能得先每天扔掉好幾杯失敗作品。參閱p46的常見錯誤，朝更完美的義式濃縮咖啡前進。

4 將沖煮把手裝進沖煮頭後，立刻啟動幫浦開始沖煮，可設定自動調製雙杯義式濃縮咖啡，或手動控制所需的分量。

5 將溫杯後的義式咖啡杯擺放在導流嘴下方（也可擺放兩杯平分單次萃取的量）。

6 大約5～8秒後，便會流出咖啡液，一開始呈棕色或金色，接下來隨著持續沖煮、溶質減少而慢慢變淡。包含咖啡脂在內，於25～30秒後大約可萃取出50ml。

完美與否？

　　一杯沖煮得好的義式濃縮咖啡必須有一層滑順的咖啡脂（p44），顏色呈深金棕色，同時沒有大顆的氣泡或暗淡、破碎的斑點。沖煮完成後，咖啡脂應該有幾公釐厚，並且不會立刻消散。味道必須酸甜適中，口感則應滑順綿柔，留下宜人綿長的餘韻。你應該要能品嚐出烘焙或沖煮技巧之外的咖啡原味，例如瓜地馬拉豆的巧克力味、巴西豆的堅果味或肯亞豆的黑加侖味。

沖煮得當的義式濃縮咖啡

哪裡出差錯？

若是萃取的量過多，在給定時間內（p45）多於50㎖，有可能是因為
· 研磨度太粗糙且／或
· 咖啡粉分量太少

若是萃取的量少於50㎖，有可能是因為
· 研磨度太精細且／或
· 咖啡粉分量太多

若是咖啡太酸澀，有可能是因為
· 咖啡機的水溫太低
· 咖啡豆的烘焙不夠
· 研磨度太粗糙
· 咖啡粉分量太少

若是咖啡太苦，有可能是因為
· 水溫過高
· 咖啡機太髒
· 咖啡豆烘焙過度
· 磨豆機的磨盤太鈍
· 研磨度太精細
· 咖啡粉分量太多

沖煮失敗的義式濃縮咖啡

清潔咖啡機

　　咖啡是由油脂、化合物及其他溶質所組成，若是沒有保持器具清潔，這些物質可能會黏著堆積，造成咖啡的苦味或塵味。記得每次沖煮後便以清水洗淨，並每日或盡量經常以專用清潔劑逆洗回沖。

TIP

用小支的硬毛刷清理咖啡機沖煮頭的墊圈。沖煮把手在沒有使用時也要固定在咖啡機上，以確保墊圈的位置正確。

2 將萃取過的咖啡餅從沖煮把手上敲下來，用乾布擦乾淨。

1 將杯子移到旁邊，再把沖煮把手從沖煮頭上取下。

3 以清水沖洗沖煮頭，去除殘留在分水網上的咖啡渣，同時沖洗導流嘴。將沖煮把手裝回沖煮頭，以便在下次沖煮前保持其溫度。

奶不奶很重要
MILK MATTERS

一杯好咖啡值得以原味細細品嚐，也就是不加奶、不加糖或其他調味料。但不可否認的是，牛奶確實為咖啡的絕佳搭檔，每天都有上百萬人樂在其中。把牛奶加熱，更能凸顯其天然的甘甜風味。

牛奶種類

你可以蒸煮各種牛奶——全脂、半脫脂、脫脂——口味及口感各有千秋。低脂牛奶可打出很多奶泡，但感覺較乾酥。全脂牛奶的奶泡較少，但比較滑順綿密。甚至是植物奶，例如豆漿、榛果奶或零乳糖奶都可蒸煮打奶泡。米漿比較打不出奶泡，但對堅果類過敏者可以其為替代品。和乳製品比起來，這些植物奶類有部分加熱速度較快，而奶泡可能較不穩定或不滑順。

蒸煮

練習時可準備比實際所需分量還多的牛奶，以便在溫度過高必須停手前爭取足夠的試驗時間。1公升的鋼杯裝半滿的牛奶是個不錯的開始，只要咖啡機的蒸氣噴管碰得到牛奶表面即可。如果碰不到，再試試750㎖或500㎖的，比這更小的鋼杯可能就不太方便了，因為牛奶加熱的速度可能會快到讓你無法注意到其變化而抓不準打入空氣的時機。

1 使用上端略呈錐體的拉花鋼杯，讓牛奶有空間繞旋、膨脹、起泡又不會溢出。如圖所示，將新鮮冰冷的牛奶倒入鋼杯中，且不超過半杯。

2 清除蒸氣噴管上殘留的水分或牛奶，確保只有乾淨的蒸氣噴出。為了避免噴濺，可用一條布包住噴嘴以銜接水汽，注意手指遠離噴嘴，以免燙傷。

當細小的空氣與水汽被打進牛奶時，
會發出和緩內斂的嘶嘶聲。

TIP

若你不想浪費太多牛奶練習的話，可以滴一些洗碗精在清水裡來模擬打奶泡，直到你習慣打入空氣並能控制其漩渦。

3 保持鋼杯平穩直立，將蒸氣噴管傾斜放入鋼杯，靠近中央而不與杯緣接觸，噴嘴淺淺沒入即可。

4 若你是右撇子，則以右手握住鋼杯，左手打開蒸氣。調高蒸氣時不要猶豫，若是蒸氣壓力過低，將無法形成任何奶泡，牛奶會發出響亮刺耳的聲音。將左手移至鋼杯下方，判斷牛奶的溫度。

5 蒸氣的壓力應該使牛奶形成漩渦狀，蒸煮越久，打出的奶泡越多。隨著奶泡增加，將產生隔音效果而降低蒸氣聲。當蒸氣聲緩和後，泡沫會變小而形成較稠密的奶泡。

未完接續　→

蒸煮 (接續)

TIP
牛奶大約蒸煮到60
～65℃時，口感便成
甘甜且可立即享用。
若繼續加熱使溫度上
升，將導致熟粥一般
的口感。

7 只有在牛奶還是冰涼時才混入空氣。一旦感覺鋼杯底部達到人體溫度時，即停止混入空氣，否則高於37℃所形成的泡泡將難以形成滑順的奶泡。若是在一開始蒸煮時即混入空氣，應該有足夠的時間打出足夠的發泡量。

6 牛奶加熱後，體積會膨脹而蓋過噴嘴，阻絕空氣。若要多一點奶泡，則降低鋼杯使噴嘴保持在牛奶表面；若要少一點奶泡，則提高鋼杯使牛奶蓋過噴嘴。保持牛奶成漩渦狀，將大泡泡打成小泡泡，使奶泡更滑順、更濃厚。

8 讓牛奶旋轉翻滾直到鋼杯底部的溫度高到無法以手觸摸，再將左手移開，等待3秒鐘後將蒸氣關閉，此時牛奶應該大約為60～65℃。若你聽到低沉的隆隆聲，表示牛奶將沸騰，會導致黏稠的口感，不適合添加於咖啡中。

9 將鋼杯放妥，用濕布清理蒸氣噴管，並朝抹布噴幾秒鐘，確保噴管內殘留的牛奶都已排出。若是牛奶表面有任何大的泡泡，靜置幾秒後會變脆弱，用鋼杯輕敲吧檯即可將其打破。

10 大的泡泡都消失後，搖晃鋼杯使牛奶旋轉，直到奶液和奶泡混合產生光亮的質感。若是中間有比較乾的奶泡，則左右輕輕搖晃使其與整杯牛奶融合後，繼續環繞旋轉的動作。

11 藉由旋轉使奶液和奶泡混合直到要倒進咖啡時，不需要湯匙即可將奶泡倒出，稍加練習後，還能做出漂亮的拉花。

TIP

蒸煮過程中不需要劇烈搖晃拉花鋼杯，靠蒸氣的力道與方向就足夠了，因此拿穩蒸氣噴管及鋼杯並控制其角度即可。

拉花
LATTE ART

　　牛奶除了要滑順並且有濃厚的奶泡外，還得要好看才行。拉花需要時間練習，一旦上手後，就可替一杯美味的咖啡錦上添花。許多拉花圖案都是從基礎的心形開始，本節就從心出發，然後一步步向前走吧！

心形

　　這個圖案適合稍厚的奶泡層，因此適合加在卡布奇諾上。

1 從杯子上方5公分處將蒸煮過的牛奶倒進咖啡脂的中央，使咖啡脂膨脹伸展有如帳篷。

2 將近半滿時，迅速降低鋼杯，同時繼續往中央倒，此時奶泡將以圓形向杯緣擴散。

3 將近滿杯時，再次提高鋼杯，倒一條線切過杯中的圓，讓牛奶流過拉出心形。

拉花達人

　　若是鋼杯舉得太高，咖啡脂會浮在奶泡上，表面只看得到些許乳白。相反地，若是鋼杯舉得過低，咖啡脂則會完全被奶泡壓過。若是倒得太慢，會導致層次不足而無法構圖；倒得太快，則會使咖啡脂和牛奶失控混合。用500 的拉花鋼杯和大的咖啡杯練習起，直到取得高度與速度的平衡為止。

蕨葉

　　蕨葉圖案最適合用在稍微薄一點的奶泡上，常見於拿鐵咖啡或鮮奶濃縮咖啡（flat white）。

1 一開始的動作與「心形拉花」相同，到將近半滿時，迅速放低鋼杯，並開始如鐘擺般左右輕輕搖晃。

2 讓牛奶以「之」字形流出，將近滿杯時，將鋼杯慢慢拉遠，做出漸漸變小的「之」字形。

3 完成「之」字形後，稍微提高鋼杯，倒一條直線穿過「之」字，即可完成。

持續旋晃鋼杯直到要倒出時，使奶泡和奶液充分混合不分離。

TIP

除了直接倒入構成心形、蕨葉或鬱金香等圖案的拉花外，有些人偏好雕花（etching），例如用尖嘴利器劃過一圈圈的奶泡，雕出心連心的圖案（p55右上角）。

鬱金香

鬱金香是心形（p52）的進階版，講究停頓的技巧。

1　一開始的動作與「心形拉花」相同，在杯中倒出一小圈牛奶。

2　停頓後，在原處後方1cm的位置繼續倒，當奶泡流出時將鋼杯輕輕前傾，把第一圈牛奶推往杯緣，形成新月形。

3　重複「停頓、續倒」直到拉出預定的葉數，在頂端以一個小心形作結，最後拉一條直線劃過所有葉片當作莖桿，即可完成。

精雕細拉

根據基礎圖案做出更多變化：多葉鬱金香（左上）、心連心（右上）、天鵝（右下）、蕨葉心（左下）。

萬國咖啡——非洲

COFFEES OF THE WORLD
AFRICA

衣索比亞
ETHIOPIA

衣索比亞的原生品種與變種多樣，造就其咖啡的獨特風味，以與眾不同的優雅花香、草香與柑橘香聞名。

衣索比亞常被尊為阿拉比卡種咖啡的發源地，儘管近期研究指出南蘇丹也可能是其故鄉。衣索比亞的咖啡農場不多（被稱為莊園、野生、半野生或大農園），但整個從採收到出口的咖啡生產過程卻有將近1千5百萬人參與其中。咖啡樹生長茂盛，大多數由自給農民生產，一年當中只有幾個月的產銷期。衣索比亞具有相當可觀的生物多樣性，許多品種是其他地方找不到

的，甚至還有多種有待辨認。由於混雜種植了多種衣索比亞原生種，例如摩卡及瑰夏，衣索比亞咖啡豆在大小及形狀上總是參差不齊。

當地原生種廣闊的基因序列可說是確保全球咖啡未來的重要依據，不幸的是，氣候變遷正逐漸消滅這些握有咖啡生存關鍵的野生咖啡樹種。

未成熟的咖啡果
咖啡果成熟後（p16～17），一週可採收1～3次。

衣索比亞咖啡 關鍵報告

全球市佔率：**5%**	產季：**10～12月**	主要品種：**阿拉比卡**
處理法：**水洗與日曬**	產量（2012年）：**8百萬袋**	衣索比亞原生種變種
全球產量排名：**全球第5大咖啡生產國**		

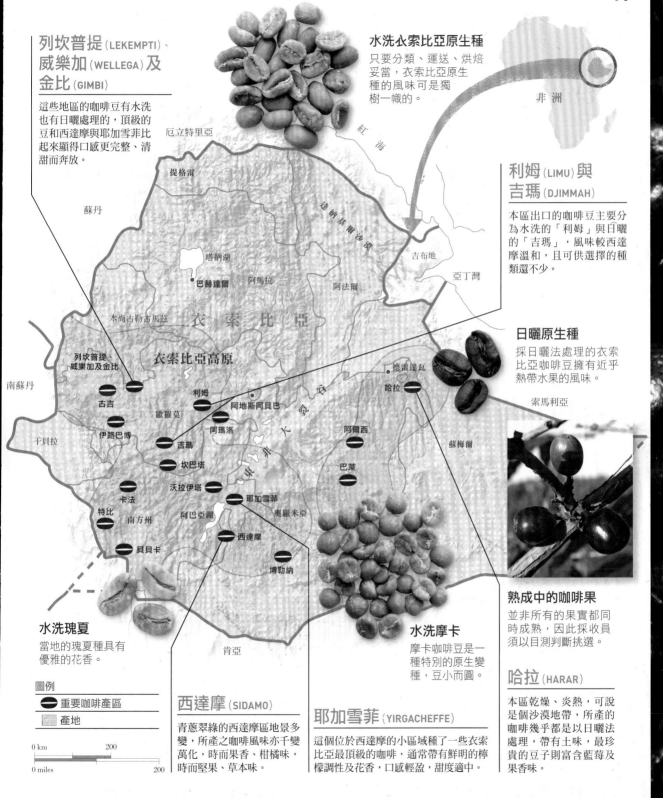

列坎普提(LEKEMPTI)、威樂加(WELLEGA)及金比(GIMBI)

這些地區的咖啡豆有水洗也有日曬處理的，頂級的豆和西達摩與耶加雪菲比起來顯得口感更完整、清甜而奔放。

水洗衣索比亞原生種

只要分類、運送、烘焙妥當，衣索比亞原生種的風味可是獨樹一幟的。

非洲

利姆(LIMU)與吉瑪(DJIMMAH)

本區出口的咖啡豆主要分為水洗的「利姆」與日曬的「吉瑪」，風味較西達摩溫和，且可供選擇的種類還不少。

日曬原生種

採日曬法處理的衣索比亞咖啡豆擁有近乎熱帶水果的風味。

紅海

厄立特里亞

提格雷

蘇丹

塔納湖

巴赫達爾

阿馬拉

邊納桑謝古地區

阿法爾

吉布地

亞丁灣

本尚古勒古馬茲

衣索比亞

衣索比亞高原

南蘇丹

列坎普提、威樂加及金比

古吉

利姆

歐羅莫

阿地斯阿貝巴

德雷達瓦

哈拉

索馬利亞

干貝拉

伊路巴博

吉瑪

阿瑪洛

阿爾西

蘇梅爾

坎巴塔

巴萊

卡法

沃拉伊塔

耶加雪菲

特比

南方州

阿巴亞湖

奧羅米亞

貝貝卡

西達摩

博勒納

熟成中的咖啡果

並非所有的果實都同時成熟，因此採收員須以目測判斷挑選。

哈拉(HARAR)

本區乾燥、炎熱，可說是個沙漠地帶，所產的咖啡幾乎都是以日曬法處理，帶有土味，最珍貴的豆子則富含藍莓及果香味。

水洗瑰夏

當地的瑰夏種具有優雅的花香。

圖例
重要咖啡產區
產地

0 km 200
0 miles 200

西達摩(SIDAMO)

青蔥翠綠的西達摩區地景多變，所產之咖啡風味亦千變萬化，時而果香、柑橘味、時而堅果、草本味。

耶加雪菲(YIRGACHEFFE)

這個位於西達摩的小區域種了一些衣索比亞最頂級的咖啡，通常帶有鮮明的檸檬調性及花香，口感輕盈，甜度適中。

水洗摩卡

摩卡咖啡豆是一種特別的原生變種，豆小而圓。

肯亞

肯亞
KENYA

肯亞出產一些世界上最芳香、酸度鮮明的咖啡。不同地區的風味有細微差別，但大多以獨特的水果、莓類調性、柑橘酸味以及豐富多汁的口感之綜合為特色。

位於**肯亞**的咖啡農場大約只有330座的面積是大於15公頃，超過一半的咖啡農都是小型耕作，各自佔地區區幾公頃而已。這些小農匯集成幾個產區，分屬不同的公司集團，每個產區一一接收來自數百位小農不等的咖啡果。

肯亞的咖啡主要為阿拉比卡種，尤其是SL、K7及魯伊魯的變種。大多數的出口品都是以水洗處理（p20～21），少數精選的日曬品則以肯亞內銷市場為主。咖啡豆經過處理後，大多會透過每週一次的拍賣會進行交易，出口商則根據前一週杯測過的樣品出價競標。雖然市場價格起起伏伏，但基本上品質優良的咖啡豆在拍賣會上都能得到應有的報價，因此提供了咖啡農改善耕作技巧與咖啡品質的動機。

獨特的紅土
肯亞當地富含鋁、鐵的紅土造就其咖啡的獨特風味。

肯亞咖啡 關鍵報告

全球市佔率： 不到 **0.5%**

主要品種：
阿拉比卡
SL 28、SL 34、K7、魯伊魯11號、巴蒂安

產季： 主10～12月　副4～6月

處理法：
水洗，部分日曬

全球產量排名：全球第22大咖啡生產國

LOCAL TECHNIQUE
肯亞正在針對大量的野生阿拉比卡種咖啡樹及其他發現於馬爾薩比特（Marsabit）森林的八種少量野生茜草科植物進行研究。

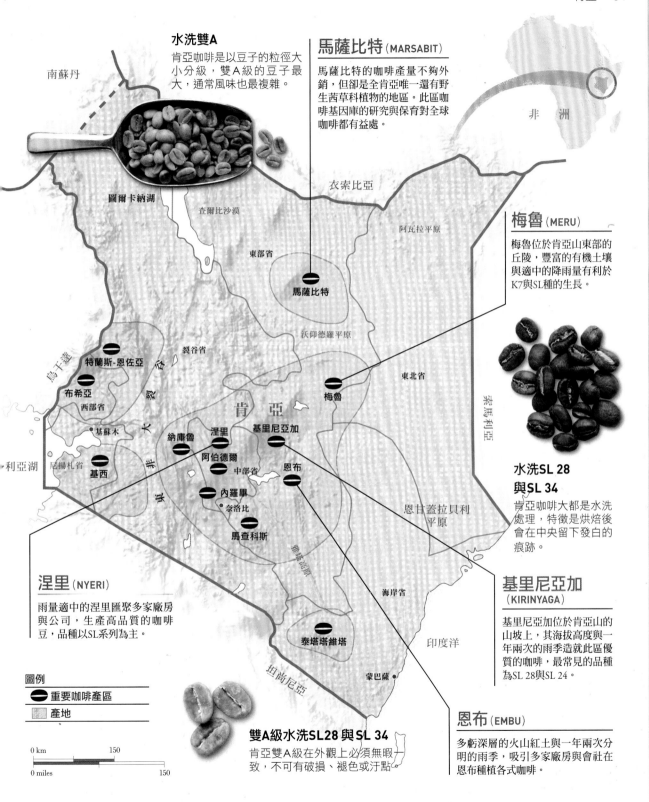

水洗雙A

肯亞咖啡是以豆子的粒徑大小分級，雙A級的豆子最大，通常風味也最複雜。

馬薩比特（MARSABIT）

馬薩比特的咖啡產量不夠外銷，但卻是全肯亞唯一還有野生茜草科植物的地區。此區咖啡基因庫的研究與保育對全球咖啡都有益處。

南蘇丹

非　洲

圖爾卡納湖

衣索比亞

查爾比沙漠

阿瓦拉平原

東部省

馬薩比特

梅魯（MERU）

梅魯位於肯亞山東部的丘陵，豐富的有機土壤與適中的降雨量有利於K7與SL種的生長。

沃仰德羅平原

裂谷省

特蘭斯-恩佐亞

烏干達

布希亞

大

裂

谷

西部省

基蘇木

利亞湖

尼揚札省

肯　亞

梅魯

東北省

東非

泰馬利亞

納庫魯　涅里　基里尼亞加

阿伯德爾

中部省　恩布

內羅畢

奈洛比

馬查科斯

恩甘蓋拉貝利平原

水洗SL 28 與SL 34

肯亞咖啡大都是水洗處理，特徵是烘焙後會在中央留下發白的痕跡。

涅里（NYERI）

雨量適中的涅里匯聚多家廠房與公司，生產高品質的咖啡豆，品種以SL系列為主。

飛羅岡原

海岸省

印度洋

基里尼亞加（KIRINYAGA）

基里尼亞加位於肯亞山的山坡上，其海拔高度與一年兩次的雨季造就此區優質的咖啡，最常見的品種為SL 28與SL 24。

基西

圖例

🔴 重要咖啡產區

▨ 產地

0 km　　150

0 miles　　150

泰塔塔維塔

坦尚尼亞

蒙巴薩

雙A級水洗SL28 與SL 34

肯亞雙A級在外觀上必須無瑕一致，不可有破損、褪色或汙點。

恩布（EMBU）

多虧深層的火山紅土與一年兩次分明的雨季，吸引多家廠房與會社在恩布種植各式咖啡。

坦尚尼亞
TANZANIA

坦尚尼亞的咖啡可分為兩種風味，一種是分布在維多利亞湖附近，果實碩大、口味甘甜、以日曬法處理的羅布斯塔種或阿拉比卡種，另一種則是位在全國其餘各地、口感鮮明、帶有柑橘、莓果味、以水洗法處理的阿拉比卡種。

坦尚尼亞的咖啡是由天主教傳教士在西元1898年所引進，目前除少量的羅布斯塔種外，主要為阿拉比卡種，包括波旁、肯特、尼亞沙（Nyassa）以及著名的藍山。產量起伏相當大，2011年有53萬4千袋，2012年則有超過百萬袋，約占坦尚尼亞出口收入的20％。每棵咖啡樹的產能不高，加上低價剝削、欠缺訓練與器具等挑戰，使得種植不易。幾乎所有的咖啡豆都出自在自家農地耕作的小農，大約有45萬戶人家投入在咖啡種植，雇用將近250萬名從業人員。

就跟一些其他非洲國家一樣，坦尚尼亞的咖啡也透過競標拍賣出售，但也允許買家直接向小農採購，讓優質的咖啡更能獲得高價，創造永續生產的有利環境。

熟成中的果實
各個果實的熟成速度不一，採收者會反覆巡視每一棵樹，每次採收樹上已經成熟的果實。

坦尚尼亞咖啡 關鍵報告

全球市佔率：**0.6%**

主要品種：
70％阿拉比卡
波旁、肯特、
尼亞沙、藍山
30％羅布斯塔

產季：
阿拉比卡 10～12月
羅布斯塔 4～12月

處理法：
阿拉比卡 水洗
羅布斯塔 日曬

全球產量排名：**全球第18大咖啡生產國**

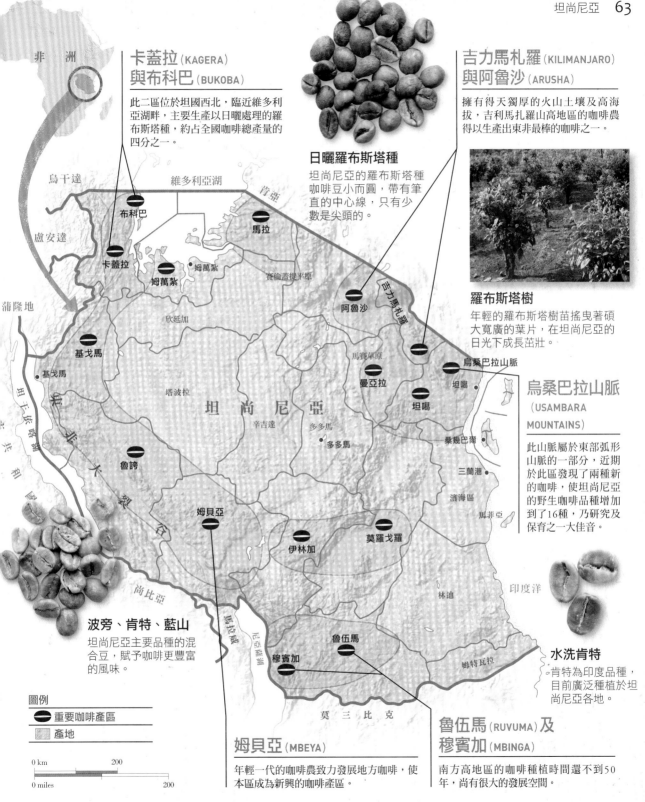

非　洲

卡蓋拉（KAGERA）與布科巴（BUKOBA）

此二區位於坦國西北，臨近維多利亞湖畔，主要生產以日曬處理的羅布斯塔種，約占全國咖啡總產量的四分之一。

日曬羅布斯塔種

坦尚尼亞的羅布斯塔種咖啡豆小而圓，帶有筆直的中心線，只有少數是尖頭的。

吉力馬札羅（KILIMANJARO）與阿魯沙（ARUSHA）

擁有得天獨厚的火山土壤及高海拔，吉利馬扎羅山高地區的咖啡農得以生產出東非最棒的咖啡之一。

羅布斯塔樹

年輕的羅布斯塔樹苗搖曳著碩大寬廣的葉片，在坦尚尼亞的日光下成長茁壯。

烏桑巴拉山脈
（USAMBARA MOUNTAINS）

此山脈屬於東部弧形山脈的一部分，近期於此區發現了兩種新的咖啡，使坦尚尼亞的野生咖啡品種增加到了16種，乃研究及保育之一大佳音。

水洗肯特

肯特為印度品種，目前廣泛種植於坦尚尼亞各地。

烏干達
盧安達
蒲隆地
維多利亞湖
肯亞
塞倫蓋提平原
布科巴
馬拉
卡蓋拉
姆萬紮
基戈馬
基戈馬
欣延加
塔波拉
馬賽草原
阿魯沙
坦　尚　尼　亞
曼亞拉
坦噶
烏桑巴拉山脈
坦噶
桑幾巴爾
三蘭港
濱海區
馬菲亞
魯誇
辛吉達
多多馬
多多馬
姆貝亞
伊林加
莫羅戈羅
林迪
印度洋
坦干伊喀湖
東非大裂谷
剛果民主共和國
尚比亞
馬拉威
尼亞薩湖
穆賓加
魯伍馬
姆特瓦拉
莫三比克

波旁、肯特、藍山

坦尚尼亞主要品種的混合豆，賦予咖啡更豐富的風味。

姆貝亞（MBEYA）

年輕一代的咖啡農致力發展地方咖啡，使本區成為新興的咖啡產區。

魯伍馬（RUVUMA）及穆賓加（MBINGA）

南方高地區的咖啡種植時間還不到50年，尚有很大的發展空間。

圖例
重要咖啡產區
產地

0 km　　200
0 miles　　200

盧安達

RWANDA

盧安達的咖啡在東非也是數一數二的柔和、甘甜、富含花香且均勻細緻，因此得以迅速擄獲全球咖啡迷的心。

盧安達的第一棵咖啡樹種植於1904年，並於1917年開始出口。其高海拔與穩定的雨量便是高品質的最佳保障。

盧安達全國有將近一半的外銷收入來自於咖啡產業，因此咖啡最近成了該國政府用來改善社經狀況的工具。大量興建於全國各地的水洗廠，讓多達50萬的小農方便獲得資源、接受訓練。

盧安達咖啡所面臨的挑戰之一是所謂的「馬鈴薯缺陷」，也就是咖啡豆有時會沾染上一種細菌而變質，使其味道、口感類似生馬鈴薯。然而，老波旁樹的優勢以及高海拔、沃土的結合，使盧安達的咖啡豆在市場上仍舊是箇中翹楚。

北部省
(NORTHERN PROVINCE)
柑橘、核果及焦糖的風味使來自北部省南方的咖啡顯得均衡甘甜。

剛果民主共和國

烏干達

維龍加山脈

穆桑澤　布雷拉

魯博納　尼亞比胡

吉賽尼

加肯克

北部省

魯林

大

裂

谷

非

洲

路特希洛　尼格若瑞若

盧　安　達

基伏湖

穆旺加　卡孟伊

吉塔拉馬

卡隆基　中　央　高　原

西部省

魯漢戈　南部省

尼安札

南詩客

尼瑪迦貝

尚古古

胡耶

魯齊齊

布塔麗

吉薩格拉

基伏

亞魯古魯

蒲隆地

西部省
(WESTERN PROVINCE)
基伏湖畔坐落著一些盧安達最著名的水洗廠，穩定生產口感豐富、芳香、優雅、多汁的優質咖啡。

水洗波旁
淺焙的盧安達咖啡豆散發出迷人的香甜氣息。

盧安達咖啡 關鍵報告

全球市佔率：不到 **0.2%**	產季： 阿拉比卡3～8月 羅布斯塔5～6月
主要品種： **99% 阿拉比卡** 卡杜艾、波旁、 1% 羅布斯塔	處理法： **水洗、 部分日曬**

全球產量排名：
全球第 **32** 大咖啡生產國

水洗卡杜艾

盧安達的土壤增強了一些品種（例如卡杜艾）的花卉或核果風味，烘焙過後更加明顯。

東部省
(EASTERN PROVINCE)

盧安達的東南部擁有少量的水洗廠及咖啡園，由於生產的咖啡富有巧克力及森林果香而逐漸嶄露頭角。

水洗波旁

盧安達保存了多數的老波旁品種，在精緻咖啡市場上相當搶手。

未熟的阿拉比卡果實

盧安達的採收員在果實熟成後，會以人工方式將果實一顆顆採收下來。

南部省
(SOUTHERN PROVINCE)

盧安達南部省的高海拔地勢造就其咖啡的經典花卉或柑橘風味，以及細緻的綿密口感，微妙而甘甜。

圖例

⬤ 重要咖啡產區
▨ 產地

0 km   20
0 miles   20

地圖標示：非洲、坦尚尼亞、尼亞加塔雷、蓋茲博、東部平原、奇酷比、卡永札、艾希瑪湖、東部省、蓋薩博、卡布加、及羅、盧瓦馬迦納、塞安布威湖、諾格麥、基爾何、韋魯湖

居家烘焙 HOME ROASTING

自己的豆子自己烘，在家就能烘出個人偏好的風味。你可以使用電動烘豆機，依照設定好的程序即可，或是直接在爐子上將鐵鍋加熱，不停翻動其中的咖啡豆也行。

烘焙方法

要拿捏好時間、溫度以及整體烘焙度需要下點功夫練習，但經由烘焙，能讓人深入瞭解咖啡豆的潛在風味，過程是既引人入勝又教人心曠神怡。只要保持在安全範圍內，都可任意實驗嘗試，直到找出理想的專屬烘焙法。要烘出好看又好喝的咖啡豆並無放諸四海皆準的方法，隨時記錄烘焙過程及風味結果，很快就能抓到其要領。整個烘焙時間大概要控制在10～20分鐘內，時間過短，豆子會太生而澀；時間過長，則口感平淡而空洞。若是使用電動烘豆機，遵照使用手冊操作即可。

烘焙階段

咖啡豆在烘焙過程中會產生變化，體積會增加、表面變光滑，並且散發出一系列的香氣。

6分鐘

乾燥階段

烘焙初期稱為乾燥階段，此時咖啡豆由綠轉黃再變為淺褐色。在此階段中，水分會蒸發，酸類會起反應而分解，使豆子不再有植物的原味，聞起來像是爆米花或土司麵包，至於顏色的變化則讓豆子看似長了皺紋。

尚未烘焙的生豆

生豆在烘焙前為綠色，若是直接拿來沖煮咖啡，則會透出植物的味道。

0分鐘

3分鐘

高壓

隨著咖啡豆中水分的溫度上升，其內部的壓力逐漸累積，顏色則持續加深。部分豆子會轉為看似烘焙完成的棕色調，不過一旦到達下一個關鍵步驟——第一爆——又會短暫地稍微變白。

生咖啡豆

　　若你採用新鮮優質的咖啡生豆（線上或實體專賣店皆可購得），很快便能在家烘焙出足以媲美市售的豆子。但你必須做好再三嘗試的心理準備，就算是頂級的咖啡豆，其風味也很可能在烘焙後遭破壞。

　　劣質或存放已久的生豆再怎麼烘培也沒有用，頂多只能藉由深培後的焦味掩蓋其平淡、單調帶麻布袋味的口感而已。

TIP

烘焙到你滿意後，讓豆子冷卻2～4分鐘，並排氣一兩天後再使用。若你要用來沖煮義式濃縮咖啡，則需要更長的時間，大約1週後再使用。

13 分鐘

烘焙階段

糖分、酸類及其他化合物一一反應，形成其風味。其中酸類會分解、糖分會焦糖化，細胞結構會變乾而脆弱。

16 分鐘

第二爆

最後將達到由氣體壓力所引起的「第二爆」，油脂被逼出到豆子易碎的表面。很多用作義式濃縮咖啡的豆子即烘焙至第二爆開始或中間的階段為止。

9 分鐘

第一爆

蒸氣壓力最後將使咖啡豆細胞組織破裂，發出有點像是爆米花的啵啵聲。此時豆子的體積增大、表面變光滑而顏色更均勻，並開始有咖啡的味道。若是沖煮方式為濾泡或法式壓壺，則在第一爆後1～2分鐘即停止烘焙。

20分鐘

第二爆後

咖啡豆原始的風味已所剩無幾，幾乎被炭烤、煙燻及苦味取代。而隨著油脂滲到表面並氧化，很快便產生強烈的氣味。

蒲隆地
BURUNDI

　　蒲隆地所產之咖啡從柔順花香、清甜柑橘到巧克力堅果一應俱全，雖然不帶濃厚的地方特色，但多樣的風味仍舊吸引精緻咖啡商的注意。

波旁果實
蒲隆地的主要作物為波旁種，是由法國傳教士所引進留尼旺島的。

　　蒲隆地從1930年代起才開始種植咖啡，其美味的咖啡又花了好一段時間才引起行家們的注意。咖啡業在政治動盪與氣候挑戰的夾縫中力求生存，而身處非洲內陸，更增添其將咖啡安然運送至買家的困難。

　　除了少量的羅布斯塔外，其餘以阿拉比卡為主，包括水洗波旁、傑克遜或米比里濟，且由於購買化學肥料或殺蟲劑的經費不足，因此多為有機種植。大約有60萬戶小農，分別種植200～300棵咖啡樹，並且通常原先就有栽種其他作物或飼養牲畜。咖啡農將果實送至水洗廠（見下方「LOCAL TECHNIQUE」），接著由其上的管理公司（當地稱之為sogestal）負責運送及其他商業事宜。

　　蒲隆地的咖啡豆也有馬鈴薯缺陷（p64），而當地研究人員正致力解決該問題。

蒲隆地咖啡 關鍵報告

全球市佔率：不到**0.5%**	**產季：**2～6月
主要品種：96%阿拉比卡 波旁、傑克遜、米比里濟 4%羅布斯塔	**處理法：**水洗

LOCAL TECHNIQUE
超過160座水洗廠散布在蒲隆地的丘陵區以專門的水槽對咖啡豆進行水洗處理（p21）。

全球產量排名：全球第**31**大咖啡生產國

卡揚扎（KAYANZA）

卡揚扎位於蒲隆地北部，靠近盧安達。此區所產之咖啡素以品質著稱。

非　洲

魯韋魯湖

水洗波旁

區的波旁樹數十年來受侵擾。

基龍多

盧安達

穆因加

穆因加

水洗波旁

蒲隆地的波旁以淺焙處理最香，甘甜又帶有柑橘味。

錫比托凱

恩戈齊

卡揚扎

剛果民主共和國

布班扎

穆拉姆維亞

卡魯濟

坎庫佐

穆米瓦

基里米羅

布松布拉

布松布拉

蒲　隆　地

穆瓦洛

基特加

魯伊吉

開花中的阿拉比卡

蒲隆地咖啡樹於六到八月間開花。

布魯里

魯塔納

坦干依喀湖

穆米瓦（MUMIRWA）

此咖啡處理公司地處西部，在基比拉國家公園（Kibira National Park）西南的枯穆嘉入洛（Kumugaruro）山區。高海拔的地勢為種植咖啡提供絕佳的條件。

馬坎巴

基里米羅（KIRIMIRO）

本區接近蒲隆地中心基特加省，其咖啡處理公司擁有該國海拔最高的水洗廠。

圖例

重要咖啡產區

產地

0 km		30
0 miles		30

烏干達
UGANDA

羅布斯塔是烏干達的故有品種，在一些地方仍存有野生樹株，不難理解為何烏干達能成為世界第二大羅布斯塔咖啡輸出國。

阿拉比卡在20世紀初期才被引進，目前大多種植於埃爾貢山（Mount Elgon）的山麓丘陵，產量不多，品種包括鐵比卡和SL衍生種。大約有3百萬戶家庭依靠咖啡產業維生。

新的生產和處理方法提升了阿拉比卡和羅布斯塔的品質。羅布斯塔一般被認為不如阿拉比卡，且通常種植於低地，但在烏干達卻是種在海拔1500公尺的高處。咖啡豆以水洗處理，而非日曬（p20～21）。品質隨著更好的耕作技術而改善，農人們也因此從中獲利。

日曬羅布斯塔
烏干達人將水洗處理的咖啡豆稱為「瓦戈」（wugar），日曬處理的稱為「珠戈」（drugar）。

布基蘇（BUGISU）

布基蘇與埃爾貢山的小型農場座落於海拔1600～1900公尺處，所生產的水洗阿拉比卡豆帶有厚重的口感、甘甜及巧克力的風味。

西部區

冰雪封頂的魯文佐里山（Mount Rwenzori）位於西部，種有烏干達日曬處理的阿拉比卡種，名為「珠戈」（Drugar），帶有酒味、果香以及適宜的酸度。

維多利亞湖盆
（LAKE VICTORIA BASIN）

羅布斯塔種適合生長於富含壤土、黏土的土壤中，因此維多利亞湖盆地的周遭地區相當合適，且得利於其高海拔位置，更增添了酸味及多層次。

烏干達咖啡 關鍵報告

全球市佔率：**2%**	產季：阿拉比卡 10～2月 羅布斯塔 全年，11～2月為高峰
主要品種：**80%羅布斯塔 20%阿拉比卡** 鐵比卡、SL 14、SL 28、肯特	處理法：水洗及日曬

全球產量排名：**全球第11大咖啡生產國**

圖例
⬛ 重要咖啡產區
▨ 產地

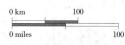

馬拉威
MALAWI

雖然是世界上產量最少的咖啡生產國之一，馬拉威仍舊以其細緻帶花香的東非風味吸引著咖啡饕客。

咖啡是由英國人在1891年引進**馬拉威**，特別的是當地的阿拉比卡是以瑰夏以及卡帝汶為主，另外有一些阿加羅、蒙多諾渥、波旁以及藍山。為了刺激精緻咖啡市場，也開始種植肯亞的SL 28。

不同於其他非洲國家，許多馬拉威的咖啡樹是種在梯田上，以對抗土質流失，做好水土保持。馬拉威大約有50萬名咖啡小農，平均年產量在2萬袋左右，主要供應外銷市場。

密蘇庫丘陵
（MISUKU HILLS）

本區海拔高度約1700～2000公尺，產有部分馬國最優質的咖啡。鄰近松維河（Songwe River），受惠於穩定的雨量及氣溫。

波卡丘陵
（PHOKA HILLS）

波卡丘陵海拔約1700公尺，位於利文斯敦尼亞（Livingstonia），在尼卡國家公園（Nyika National Park）及奇蘭巴灣（Chilamba Bay）

恩卡塔灣高地
（NKHATA BAY HIGHLANDS）

恩卡塔灣高地從姆祖祖的東南延伸到西南，海拔高達2000公尺，氣候炎熱多雨，部分咖啡的口感與衣索比亞所產相當類似。

水洗卡帝汶
來自馬拉威高海拔地區的卡帝汶，經過烘焙後會釋放出宜人的酸味。

水洗波旁、瑰夏、阿加羅
馬拉威多元的咖啡品種深受精緻咖啡公司的青睞。

圖例
⬤ 重要咖啡產區
▨ 產地

0 km　　　100
0 miles　　　100

馬拉威咖啡 關鍵報告

全球市佔率：	主要品種：
0.01%	**阿拉比卡**
產季：6～10月	阿加羅、瑰夏、卡帝汶、蒙多諾渥、波旁、藍山、卡杜拉
處理法：水洗	

全球產量排名：

全球第43大咖啡生產國

萬國咖啡──
印尼、亞洲及大洋洲

COFFEES OF THE WORLD
INDONESIA, ASIA,
AND OCEANIA

印度 INDIA

來自印度的阿拉比卡及羅布斯塔由於分量十足、酸度較低而特別受到沖煮義式濃縮咖啡者的喜愛。部分咖啡豆的地方風味鮮明，出口商對於開發此等特色更是不遺餘力。

印度的咖啡以遮蔭種植，通常種在其他作物旁，例如胡椒、荳蔻、薑、堅果、柳橙、香草、香蕉、芒果或波羅蜜。採收下來的咖啡果有三種可能的處理方式，分別是水洗法、日曬法、或是印度特有的「季風法」（請見本頁下方的「LOCAL TECHNIQUE」）。

印度種有阿拉比卡，包括卡帝汶、肯特以及S 795系列的衍生種，但仍以羅布斯塔為大宗。當地約有25萬名咖啡農，幾乎都是小農，更

有將近百萬人口靠著咖啡維持生計。羅布斯塔一年可收成兩次，不過根據氣候狀況會有幾週的誤差。

過去五年的平均年產量皆低約5百萬袋，其中有八成外銷，不過選擇飲用國產咖啡的印度人有越來越多的趨勢。

傳統的印度滴漏咖啡（Indian filter coffee）以四分之三的咖啡加上四分之一的菊苣而成，在當地相當流行。

羅布斯塔果實
印度的羅布斯塔種咖啡豆採收後，有時會以「季風法」處理。

印度咖啡 關鍵報告

全球市佔率：3.5%

主要品種：
60% 羅布斯塔
40% 阿拉比卡
高韋里／卡帝汶、肯特、S 795、精選4號、5B、9、10、聖拉蒙、卡杜拉、德筏麥奇

產季：
阿拉比卡 10～2 月
羅布斯塔 1～3 月

處理法：
日曬、水洗、半水洗及季風

LOCAL TECHNIQUE
當地獨特的「季風處理法」是將咖啡果曝曬在炎熱潮濕的氣候中吹風，令其膨脹、褪色並改變風味。

全球產量排名：全球第6大咖啡生產國

亞　洲

查謨和喀什米爾

阿姆利則

喜馬偕爾

旁遮普

巴基斯坦

北阿坎德

哈里亞納

德里
新德里

塔爾沙漠

齋浦爾

拉賈斯坦

中　國

喜　馬　拉　雅　山　脈

尼泊爾

勒克瑙

比哈爾

不丹

緬甸

阿魯納恰爾

阿薩姆

那加蘭

梅加拉雅

曼尼普爾

特里普拉

米佐拉姆

北方邦

買坎德

西孟加拉

加爾各答

孟加拉灣

孟　加　拉

古吉拉特
艾哈邁達巴德

那格浦爾

達德拉－納加爾哈維利

馬哈拉施特拉

達曼－第烏

孟買

印　度

中央邦

恰蒂斯加爾

海得拉巴

奧里薩

安得拉

卡納塔克

坦米爾納德

班加羅爾

東　高　止　山　脈

清奈

印度洋

斯里蘭卡

果亞

阿　拉　伯　海

西　高　止　山　脈

德　干　高　原

水洗肯特

肯特種是在印度培育後才傳入東非。

東北部

東北是種植咖啡的新興地帶，產量只佔全印度的2%，皆為阿拉比卡。

日曬羅布斯塔

世界上最優質的羅布斯塔咖啡有部分即來自印度。

東部

安得拉邦（Andhra Pradesh）及奧里薩（Odisha）是東海岸的咖啡新興區，目前產量約占全國的6%，皆為阿拉比卡種。

卡納塔克（KARNATAKA）

印度南部卡納塔克邦的咖啡產量超過全國的一半，其中有七成為羅布斯塔。首批咖啡樹是在17世紀間栽種於奇克馬加盧爾縣（Chikkamagaluru）的巴巴不丹吉里丘陵（Baba Budan Giri Hills）。

喀拉拉（KERALA）

全印度有將近三成的咖啡種在喀拉拉，幾乎都是羅布斯塔。主要產區有瓦亞納德（Wayanad）、特拉凡科（Travancore）以及柏拉卡德（Palakkad），而著名的季風馬拉巴（Monsooned Malabar）也是發源於此地。

坦米爾納德（TAMIL NADU）

坦米爾納德邦所產之咖啡占全印度的一成左右，品種包括阿拉比卡及羅布斯塔，主要產區包括謝瓦羅伊丘陵（Shevaroy HIlls）、尼爾吉里丘陵（Nilgiri Hills）及科代卡納爾（Kodaikanal）附近。

季風馬拉巴

以季風法處理的咖啡豆嚐起來帶有木香，酸度低而口感醇厚。

圖例

⬬ 重要咖啡產區

▨ 產地

| 0 km | | 300 |
| 0 miles | | 300 |

蘇門答臘

SUMATRA

蘇門答臘是印尼的最大島，所產的咖啡具有木質調性以及厚重口感，酸度低，風味多樣，從泥土、雪松、辛香到發酵水果、可可、草本、皮革及菸草都一應俱全。

印尼生產的咖啡大多是風味質樸的羅布斯塔豆，阿拉比卡豆只占少量。蘇門達臘的咖啡農場肇始於1888年，目前為印尼羅布斯塔豆最大的生產者，產量佔全國的75%。

阿拉比卡豆中，鐵比卡仍舊最為普遍，少量的波旁以及S系列混種、卡杜拉、卡帝汶、帝汶混血品種、衣索比亞系列的瑞姆棒與阿比西尼亞也都有種植。農人經常將不同樹種混和栽植，造成許多天然混血。由於水源匱乏，因此小農們大多採用傳統的溼刨處理法（見下方LOCAL TECHNIQUE），使得豆子呈現藍綠色。不幸的是，此法會對豆子造成傷害，留下缺陷痕跡。

印尼咖啡豆的品質不一，而國內的物流問題使得頂級選豆的獲得更加困難。

成熟的羅布斯塔果實
蘇門答臘的羅布斯塔樹在該島中部及南部地區蔚為大宗。

蘇門答臘咖啡 關鍵報告

全球市佔率：大約 **7%**（印尼）

產季：
10～3月

主要品種：
75% 羅布斯塔
25% 阿拉比卡
鐵比卡、卡杜拉、波旁、
S系列混種、卡帝汶、丁丁

處理法：
溼刨及水洗

LOCAL TECHNIQUE
溼刨法（Giling Basah）是先將咖啡豆去殼（p20），接著靜置一日左右乾燥，然後在豆子的水分含量仍高時，便將銀皮去除。

全球產量排名：全球第3大咖啡生產國

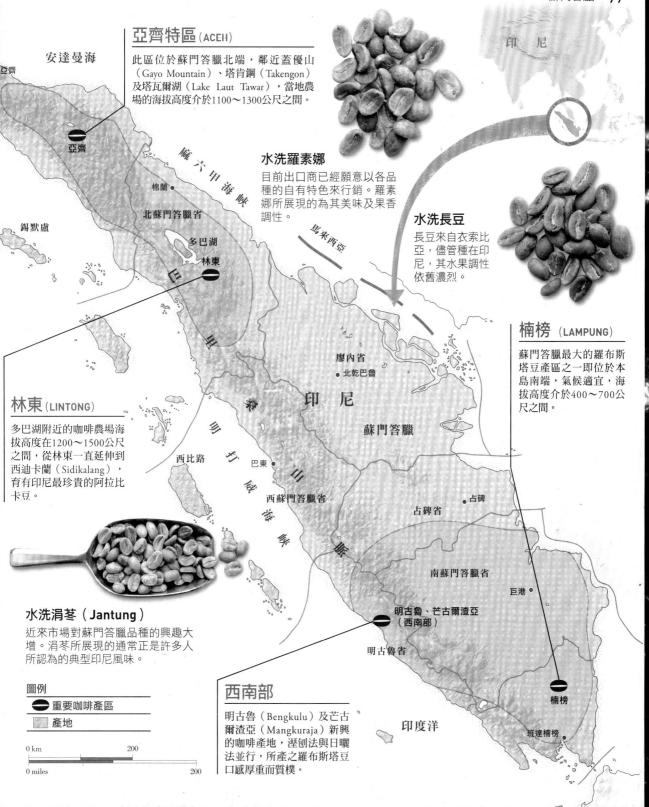

亞齊特區（ACEH）

此區位於蘇門答臘北端，鄰近蓋優山（Gayo Mountain）、塔肯鋼（Takengon）及塔瓦爾湖（Lake Laut Tawar），當地農場的海拔高度介於1100～1300公尺之間。

安達曼海

亞齊

亞齊

棉蘭

北蘇門答臘省

錫默盧

多巴湖

林東

麻六甲海峽

馬來西亞

水洗羅素娜

目前出口商已經願意以各品種的自有特色來行銷。羅素娜所展現的為其美味及果香調性。

水洗長豆

長豆來自衣索比亞，儘管種在印尼，其水果調性依舊濃烈。

楠榜（LAMPUNG）

蘇門答臘最大的羅布斯塔豆產區之一即位於本島南端，氣候適宜，海拔高度介於400～700公尺之間。

林東（LINTONG）

多巴湖附近的咖啡農場海拔高度在1200～1500公尺之間，從林東一直延伸到西迪卡蘭（Sidikalang），育有印尼最珍貴的阿拉比卡豆。

廖內省

北乾巴魯

印 尼

蘇門答臘

西比路

巴東

西蘇門答臘省

占碑

占碑省

南蘇門答臘省

巨港

明打威海峽

水洗涓荃（Jantung）

近來市場對蘇門答臘品種的興趣大增。涓荃所展現的通常正是許多人所認為的典型印尼風味。

明古魯、芒古爾渣亞（西南部）

明古魯省

楠榜

圖例

● 重要咖啡產區

▨ 產地

0 km   200

0 miles   200

西南部

明古魯（Bengkulu）及芒古爾渣亞（Mangkuraja）新興的咖啡產區，溼刨法與日曬法並行，所產之羅布斯塔豆口感厚重而質樸。

印度洋

班達楠榜

蘇拉威西
SULAWESI

在印尼的眾多島嶼中，蘇拉威西種有為數最多的阿拉比卡種咖啡樹。處理妥善的咖啡豆展現出葡萄柚、莓果、堅果及辛香的風味，通常嘗起來相當宜人，且大多酸度低、口感厚重。

熟成中的羅布斯塔
蘇拉威西少量的羅布斯塔種咖啡樹大多位於東北地區。

蘇拉威西的咖啡產量僅占全印尼的2%，每年約產出7000公噸的阿拉比卡豆。另有少量的羅布斯塔豆，但大多不外銷，只供應國內。

蘇拉威西的土壤富含鐵質，並且有高海拔地區可種植老鐵筆卡、S795以及任抹等品種。大多數的咖啡農為小農，只有約5%的產量來自大莊園。傳統處理法為溼刨法，與蘇門答臘（p76）相同，導致咖啡豆顯現出些許印尼豆的經典深綠色。

部分咖啡農開始以類似中美洲採用的水洗法處理咖啡豆（p20～21），藉此增加產品價值。促成此改變的原因是應最大的買家──日本進口商──要求，他們大量投資蘇拉威西的咖啡業，以確保達到高標準的品質。

蘇拉威西咖啡　關鍵報告

全球市佔率：大約 **7%**（印尼）

主要品種：
95% 阿拉比卡
鐵比卡、S 795、任抹
5% 羅布斯塔

產季：
7～9月

處理法：
溼刨及水洗

全球產量排名：全球第3大咖啡生產國

印尼

萬鴉老

西里伯斯海

帕勒雷山脈

奧戈馬阿斯山脈

哥倫打洛省

哥倫打洛

北蘇拉威西省

托吉安群島

馬魯古海

托米尼灣

珀倫島

印 尼

蘇口雷卡秋山脈

帕盧

坡蘇

巴林嘉拉山脈

中蘇拉威西省

坡蘇湖

班達海

邦蓋群島

西蘇拉威西省

蘇拉威西

望加錫海峽

馬倫達

托拿加

投烏堤湖

馬馬沙

波里哇利

恩爾康

瑪拉瑪拉

阿布基山脈

沃沃尼島

南蘇拉威西省

東南蘇拉威西省

肯達里

望加錫

戈瓦、
欣賈爾

穆納島

卡巴那島

布頓島

圖康伯西群島

恩爾康（ENREKANG）

恩爾康縣位於托拿加南邊，首府為卡洛西（Kalosi），所產之精緻咖啡多以此歷史悠久的集市城鎮為名。

水洗鐵比卡

這些咖啡樹本身的特性加上當地的土壤，對其咖啡果的風味造成影響。

溼刨托拿加

以溼刨法處理的咖啡豆將呈深苔綠色。

馬馬沙（MAMASA）

馬馬沙目前是西部較不知名的咖啡產區，隨著其澄澈的阿拉比卡豆吸引精緻咖啡買家的目光，馬馬沙勢必將成為家喻戶曉的地名。

戈瓦（GOWA）、
欣賈爾（SINJALINJAL）

位於卡洛西南方的這些區域咖啡產量較少，其中約有40%是羅布斯塔。蘇拉威西的咖啡出口港是位於戈瓦西邊的望加錫（Makassar）。

托拿加（TANA TORAJA）

位於南蘇拉威西省的中央高地海拔介於1100～1800公尺之間，產有該島最棒的咖啡之一，並以當地的托拿加人命名。

圖例

⬛ 重要咖啡產區

▨ 產地

0 km   100

0 miles   100

爪哇
JAVA

　　爪哇島具有地方特色風味的豆子不多，但整體而言，其咖啡的酸度低，帶堅果或土味，稠度濃厚，有些刻意存放一陣子的豆子更帶有鄉村風味。

印尼

西部高地

爪哇西部有一些新開發的私人咖啡農場，種植了一些實驗性的品種，例如安等沙里（Andung Sari）、斯加拉入恩唐格（Sigararuntang）、卡爾提卡（Kartika）、S系列、阿藤（Ateng）、任抹（Jember）、老鐵比卡衍生種，以及一些令人期待的新豆。

巽他海峽

帕奈坦島

西冷
雅加達
坦格朗
大雅加達特區

萬丹省

茂物

佳地魯呼爾湖

井裡汶

爪哇海

勿里碧（貝雷貝）

直葛

北加浪岸

西部高地　　展玉

萬隆

中爪

蘇加武眉

西爪哇省

印　尼

爪哇

中央

牙律

尖米士

芝拉扎

水洗阿拉比卡
爪哇的阿拉比卡豆通常又大顆又光滑，表面很少或幾乎沒有銀皮。

爪哇咖啡 關鍵報告

全球市佔率：大約 **7%**（印尼）

產季：
6～10月

處理法：
水洗

主要品種：
90%羅布斯塔
10%阿拉比卡

安等沙里、S系列、卡爾提卡、阿藤斯加拉入恩唐格、湛泊、鐵比卡

全球產量排名：全球第**3**大咖啡生產國

印尼是非洲以外第一個大規模種植咖啡的國家。第一顆種子於1696年播在西爪哇省的雅加達，不幸因為洪水而未能存活。三年後再次嘗試，終於成功生根。

咖啡生產蓬勃發展，直到一場鐵鏽病在1876年殺光大部分的鐵比卡樹，導致大量農人改種羅布斯塔。阿拉比卡再次出現已經是1950年代的事了，直到現在仍只占爪哇咖啡的一成左右。

爪哇島上種植的咖啡大多是羅布斯塔，但也種了一些阿拉比卡種，例如阿藤、湛泊以及鐵比卡。許多咖啡樹是種在國有莊園，聚集於爪哇東部的宜珍平原（Ijen Plateau）。這些國有莊園生產水洗的咖啡豆，比印尼許多其他的咖啡要來得乾淨。爪哇西部邦加冷安山（Mount Pangalengan）周圍也出現新興私人莊園，使此區成為令人期待的未來之星。

羅布斯塔果簇
咖啡果的熟成速度不一，這也是造成爪哇島採收期長的原因之一。

爪哇老布朗（Old Brown Java）
擺放超過一年的豆子將大大貶值，但這支豆子卻是例外，其珍異價值更勝風味。

三寶瓏
普沃達迪
藤　山
馬都拉島
根
泗水
梭羅
茉莉芬
絨網
峇里海
日惹
諫義里
岩望
龐越
日惹特區
東爪哇省
瑪琅
東部高地
任抹
峇里海峽

修剪過的羅布斯塔樹
爪哇的咖啡樹有時會被放任長高，但大多數會修剪以利工人採收。

東部高地

最大的國有莊園包括布拉萬（Blawan）、強彼特（Jampit）、潘柯爾（Pancoer）、卡悠瑪斯（Kayumas）以及突各撒瑞（Tugosari）。而羅布斯塔在好幾個莊園都有種植，其中以卡里瑟拉吉利（Kaliselogiri）及沙塔克（Satak）為最有名的兩座。另外還有一些私人莊園，例如卡里班多（Kalibendo）及埃爾丁郡（Ayer Dingin），位於海拔較低處，使用的是較傳統的溼刨法（p76）。

水洗羅布斯塔
爪哇的羅布斯塔豆品質甚高，帶有純淨溫順的堅果口感，在商業義式濃縮咖啡市場上非常受歡迎。

圖例

⬬ 重要咖啡產區
▨ 產地

0 km　　　　50
0 miles　　　　50

咖啡問答

媒體充斥著各種有關咖啡的混雜訊息，有時要找到所需資訊可說是困難重重，尤其咖啡因所造成的身心影響又是因人而異。以下針對一些常見的咖啡問題做出釋疑。

咖啡的成癮性嚴重嗎？

咖啡並未被視為一種成癮藥物，即便出現任何「戒斷症狀」，也可在短期內藉由酌減每日的咖啡飲用量來減緩。

咖啡會造成脫水嗎？

咖啡本身有利尿的效果，但一杯咖啡約有98％的成分是水，因此嚴格說來並不會造成脫水。就算有任何失水，也都在飲用當下就補償回來了。

98％水

飲用咖啡對健康有益嗎？

咖啡所含的抗氧化劑——包括咖啡因以及其他有機化合物——已被證明對許多健康問題均有正面的功效。

咖啡能增加專注力嗎？

飲用咖啡時，能夠暫時促進控制專注以及記憶的腦部活動。

咖啡因如何提神？

咖啡因會干擾一種稱為「腺甘酸」（adenosine）的神經傳導激素，阻斷其與某種蛋白質的結合，避免讓人感到昏昏欲睡。這種阻絕同時會刺激腎上腺素的分泌而使人提高警覺。

咖啡因對運動能力有什麼影響？

適度攝取咖啡因能夠改善有氧運動的耐力，同時也有助於無氧運動的表現。咖啡因能使支氣管擴張，促進呼吸，並釋放糖分到血管中，引導其進入肌肉。

深焙的咖啡豆含有較高的咖啡因嗎？

事實上，深度烘焙的咖啡豆可能含有較低的咖啡因，絕對不會有更快的提神效果。

喝咖啡對我好像沒什麼影響？

若是每天在固定的時間喝咖啡，就有可能降低身體對咖啡因的敏感度，因此可以偶爾改變一下飲用習慣。

巴布亞紐幾內亞

PAPUA NEW GUINEA

巴紐的咖啡口感扎實，酸度中低，並帶有草本、木香、熱帶或菸草的風味。

大部分的咖啡樹是由小農種植，少部分在大莊園，還有一些是接受政府特定方案扶植。幾乎所有的咖啡都是種於高地、以水洗處理的阿拉比卡豆，包括波旁、阿魯夏以及蒙多諾渥等品種。多達兩三百萬的人口是依靠咖啡來維持生計的。

所有種植咖啡的省分對於增加種植數量以及改良咖啡品質都表現出極大的興趣。

大洋洲

東高地省
(EASTERN HIGHLANDS)

由於多雨且海拔高達1500～1900公尺，本地出產一些品質極佳、風味多變的咖啡。

水洗蒙多諾渥圓豆

這些圓豆（p16）具有酒味、多汁的特性。

圖例

⬛ 重要咖啡產區

▨ 產地

0 km ─────── 150
0 miles ─────── 150

萬尼姆

桑道恩省

韋瓦克

東塞皮克省

中央山脈

卡卡

俾斯麥海

新愛爾蘭島

新愛爾蘭省

恩加省、西高地省

馬當省

馬當

勇士號海峽

西新不列顛省

拉包爾

北索羅門省

紐幾內亞

欽布省

戈羅卡

東高地省

莫雷貝省

萊城

新不列顛

金貝

東新不列顛省

索羅門海

布干維爾島

阿拉瓦

索羅門群島

南高地省

默里湖

吉瓦卡省

海灣省

巴布亞紐幾內亞

西部省

巴布亞灣

歐文史坦利山脈

北部省

波蓬德塔

基里維納

當特爾卡斯托群島

莫爾茲比港

中央省

米爾恩省

阿洛陶

珊瑚海

水洗鐵比卡

鐵比卡種是首先在巴布亞紐幾內亞種植的品種之一。

恩加省（ENGA）、
西高地省（WESTERN HIGHLANDS）

這些相對乾燥的高地，海拔介於1200～1800公尺之間，所產的咖啡豆酸度低，帶有草本、堅果的調性。

欽布省（CHIMBU）、
吉瓦卡省（JIWAKA）

這些海拔在1600～1900公尺間的區域是部分巴紐境內最高的咖啡生產地，其頂級產品口感明亮，帶有溫和的水果調性。

巴紐咖啡 關鍵報告

全球市佔率： 不到 **0.7%**

主要品種：
95% 阿拉比卡
鐵比卡老品種、波旁、阿魯夏、藍山、蒙多諾渥
5% 羅布斯塔
產季： 4～9月

全球產量排名： 全球第 **17** 大咖啡生產國

澳大利亞
AUSTRALIA

澳洲的阿拉比卡風情萬種，大抵上有堅果香、巧克力味和柔順的酸度，加上甘甜的柑橘及果香調性。

阿拉比卡在澳洲已有超過兩百年的生長歷史，但這段期間咖啡產業卻是經歷數度起落。最近卅年由於機器採收的使用，出現許多新興的莊園，重振萎靡的咖啡市場，咖啡種植甚至延伸到東岸外海的諾福克島（Norfolk Island）。

除了傳統的鐵比卡及波旁，澳洲還種了不少新品種，例如受歡迎的K7、卡杜艾以及蒙多諾渥。

水洗卡杜艾
卡杜艾是適合澳洲當地氣候的品種之一。

阿瑟頓高原
（THE ATHERTON HIGHLANDS）

此區位於昆士蘭州北部，產量大約占全澳的一半，幾乎所有的大農場都聚集在此，所產之咖啡多甘甜，帶巧克力及堅果味。

中部及西南昆士蘭
（CENTRAL AND SOUTHWEST QUEENSLAND）

少許咖啡小農及一些大企業聚集在此塊小區域，所產之咖啡偏溫和、甘甜而酸度低。

日曬波旁
日曬法相當適合乾季分明顯的昆士蘭東部地區。

北新南威爾斯
（NORTHERN NEW SOUTH WALES）

低溫及高海拔使咖啡果實熟成速度較慢，同時強化其風味並多少降低咖啡因濃度。

圖例
- ⬤ 重要咖啡產區
- ▨ 產地

地圖標示：阿拉弗拉海、達爾文、阿納姆地區、卡奔塔利亞灣、約克角半島、開恩茲、阿瑟頓高原、湯斯維爾、北領地、巴克利高原、大分水嶺、金伯利高原、大沙沙漠、澳大利亞、愛麗絲泉、中部及西南昆士蘭、羅克漢普頓、吉布生沙漠、辛普森沙漠、昆士蘭、西澳大利亞、大維多利亞沙漠、北艾爾湖、布里斯班、南澳大利亞、托倫斯湖、北新南威爾斯、納拉伯平原、費蓮達山脈、珀斯、達令山脈、大澳大利亞灣、阿得雷德、新南威爾斯、雪梨、坎培拉、澳大利亞首都領地、維多利亞、墨爾本、巴斯海峽、塔斯馬尼亞、荷巴特

0 km　600
0 miles　600

泰國
THAILAND

泰國可説是羅布斯塔的天下，不過頂級的阿拉比卡仍舊展現出柔順的口感、偏低的酸度，並潛藏宜人的花香調性。

泰國種植的咖啡幾乎都屬羅布斯塔種，其中大多以日曬處理並製成即溶咖啡。在1970年代，眼見頂級阿拉比卡的市場潛能，便大力鼓吹加以種植，例如卡杜拉、卡杜艾、卡帝汶等品種，可惜欠缺相關配套措施，導致新樹種欠缺後續照料。近年來則由於對泰國咖啡的需求成長，投資增加而有助於咖啡農生產高品質的咖啡豆。

北部地區

少量的阿拉比卡種植於北部海拔800～1500公尺的區域，通常以水洗方式處理，藉此推升其令羅布斯塔望塵莫及的高價。

日曬法處理的果實
未熟、成熟、過熟的咖啡果在泰國常常被不分青紅皂白地一掃而下。

水洗阿拉比卡圓豆
圓豆有時會被挑出來獨自販售，特別是在北部地區。

南部地區

羅布斯塔在南部地區的種植情況良好，幾乎是泰國整體產量的代表。

圖例	
⬤	重要咖啡產區
▨	產地

0 km —— 150
0 miles —— 150

地圖標示：緬甸、清萊、東南亞、湄宏順、清邁、清邁、南邦、來興、彭世洛、烏隆、北欖坡、泰　國、曼谷、比勞山脈、兌拉地峽、春蓬、拉廊、素叻、洛坤、攀牙、洛坤、甲米、宋卡府、帖念他翁山脈

泰國咖啡 關鍵報告

全球市佔率：	**產季：**
# 0.5%	# 10～3 月
主要品種：	**處理法：**
98% 羅布斯塔	日曬，
2% 羅布斯塔	部分水洗
卡杜拉、卡杜艾、卡帝汶、瑰夏	

全球產量排名：

全球第 **21** 大咖啡生產國

越南
VIETNAM

此地有一些柔順、甘甜帶堅果味的品種吸引著精緻咖啡市場目光。

越南自1857年開始生產咖啡，並在20世紀初一些政治改革後，大幅增加其咖啡產量，以不錯的價格從市場上獲利。在短短十年間，越南一躍成為全球第二大咖啡生產國，導致品質較差的羅布斯塔充斥市場，造成價低質劣的風氣。目前，越南政府正致力尋求供需之間的平衡。羅布斯塔仍為主力產品，但也種植少量的阿拉比卡。

中北沿海地區
由於山勢阻擋，使承天順化省（Thua Thien-Hue）、廣治省（Quang Tri）、河靜省（Ha Tinh）、乂安省（Nghe An）以及清化市（Thanh Hoa）免受季風吹拂，因此得以增加阿拉比卡的產量。

中南沿海地區
廣南省（Quang Nam）、廣義省（Quang Ngai）、平定省（Binh Dinh）、富安省（Phu Yen）以及慶和省（Khanh Hoa）周圍的部分咖啡農已經開始在乾季時針對咖啡樹進行灌溉，藉此催促其開花結果，在有利的時間點採得成熟的果實。

水洗阿拉比卡
儘管產量漸增，但越南阿拉比卡的風味特色仍有待觀察。

中部高原
多樂省（Dak Lak）、嘉萊省（Gia Lai）、昆嵩省（Kon Tum）以及林同省（Lam Dong）的咖啡種於海拔500～700公尺處，白天炎熱，夜晚涼爽，乾溼分明。

東南部
同奈省（Dong Nai）、巴地頭頓省（Ba Ria-Vung Tau）、平福省（Binh Phuoc）附近的肥沃紅土以及炎熱潮溼的氣候均有助於羅布斯塔種的生長，採收期則是在乾季。

越南咖啡 關鍵報告

全球市佔率：**14%**	產季：**10～4月**
主要品種：**95%羅布斯塔 5%阿拉比卡** 卡帝汶、沙里（高產咖啡）	處理法：**日曬，部分水洗**

全球產量排名：全球第**2**大咖啡生產國

圖例
- ● 重要咖啡產區
- ▨ 產地

中國 · 東北 · 東南亞 · 西北 · 河內 · 紅河三角洲 · 海防 · 南定 · 南亞洲 · 北部灣 · 北中部 · 榮市 · 安南山脈 · 越南 · 峴港 · 中南沿海地區 · 歸仁 · 中部高原 · 東埔寨 · 金蘭 · 東南部 · 胡志明市

0 km 150
0 miles 150

中國
CHINA

一般來說，中國的咖啡柔順甘甜，帶有微酸及堅果風味，游走於焦糖及巧克力之間。

中國最早的咖啡種植始於雲南，是由法國傳教士在1887年所引進，約莫百年後才受到政府重視而致力培植其產能，以多項新措施改善其生產環境及方法，每年提升大約15%的產量。儘管目前平均每人一年只飲用兩三杯，但數量正逐漸增加。所栽種的阿拉比卡種包括卡帝汶及鐵比卡。

雲南省

普洱、昆明、臨滄、文山以及德宏等地區的咖啡產量占了全中國的95%，大部分為卡帝汶，而寶山市則還有少數的老波旁以及鐵比卡。所產之咖啡大多酸度低，帶有堅果或穀物味。

亞　洲

水洗鐵比卡

中國所產的鐵比卡通常甘甜、有層次而稠度適中。

水洗卡帝汶

這是中國最普遍的品種。

海南島

位在中國南方海岸外的海南島年產300～400公斤的羅布斯塔，風味溫和帶有木香，稠度濃厚。雖然產量逐漸減少中，但咖啡文化在當地卻是相當盛行。

福建省

位於臺灣對岸的臨海省分福建為產茶重鎮，不過仍種有些許羅布斯塔咖啡樹，占全國產量的一小部分。羅布斯塔種通常酸度較低、口感濃郁。

曬乾咖啡果

直接將咖啡果放在自家屋外曬乾的場景並不奇怪，自用、出售的都有。

中國咖啡 關鍵報告

全球市佔率： **0.5%**	**產季：** **10～3月**
主要品種： **95%阿拉比卡** 卡帝汶、波旁、鐵筆卡 **5%羅布斯塔**	**處理法：** **水洗及日曬**

全球產量排名：
全球第20大咖啡生產國

圖例

⬛ 重要咖啡產區
▨ 產地

0 km　　400
0 miles　　400

葉門
YEMEN

全球部分最引人入勝的阿拉比卡種就種在葉門，帶有辛香、土味、果香及菸草等奔放的風味。

早在咖啡傳到**非洲**外的國家前，就已在葉門種植多年，小鎮摩卡（Mocha）更是第一個建立外銷貿易的港口。

某些地方仍有野生的咖啡樹，而主要產區則是種植老鐵比卡以及老衣索比亞種。不同變種經常以同一地名稱呼，使其品種難以追蹤辨識。

哈拉里（HARAZI）

位於薩那（Sana'a）到海岸中間的哈拉茲（Jabal Haraz）山脈正是哈拉里咖啡農的家鄉，他們所生產的咖啡帶有經典的豐富層次、果香以及酒味。

瑪塔莉（MATARI）

往西朝港都荷台達（Hodeidah），位於高海拔而緊鄰薩那的瑪塔莉咖啡產區，以生產部分酸度較高的葉門咖啡聞名。

熟成中的咖啡果
葉門的咖啡農經常任其果實在樹上過熟、乾燥。

達瑪莉（DHAMARI）

位於薩那南邊、扎瑪爾省（Dhamar）西陲，所產之咖啡具有葉門的招牌特色，口味比起其他西部的咖啡豆則更為柔順而飽滿。

依詩瑪莉（ISMAILI）

「依詩瑪莉」既是地名也是當地品種的名稱，是根據一群在附近定居的回教徒而命名，所產的咖啡在葉門的品種裡算是味道比較質樸的。

日曬原生種
品種不明的原生種在此經日曬法處理，更增添當地獨特的風味。

葉門咖啡 關鍵報告

全球市佔率：
0.1%

主要品種：
阿拉比卡
鐵比卡、原生種

產季：6～12月

處理法：日曬

全球產量排名：全球第 33 大咖啡生產國

LOCAL TECHNIQUE

種植及處理方式在過去八百年來幾乎未曾改變，而化學肥料的使用並不常見。由於水資源匱乏，通常採用日曬法處理，咖啡豆的外型因此較不規則。

圖例
⬤ 重要咖啡產區
▨ 產地

0 km 150
0 miles 150

（地圖標示）亞洲、印度、沙烏地阿拉伯、魯卜哈利沙漠、馬哈拉、紅海、達赫娜沙漠、葉門、沙巴泰因沙漠、馬塔莉、薩那、哈拉里、荷台達、依詩瑪莉、達瑪莉、哈德拉毛、穆卡拉、塔伊茲、亞丁、亞丁灣

萬國咖啡——中南美洲

COFFEES OF THE WORLD
SOUTH AND
CENTRAL AMERICA

巴西

BRAZIL

巴西的咖啡產量位居全球龍頭，區域差異不容易細分，一般認為其水洗阿拉比卡柔順、日曬阿拉比卡甘甜，酸度溫和、口感適中。

1920年時，**巴西**的咖啡產量占全球80%，隨著其他國家產量增加，巴西的市占率逐漸降至目前的35%，但仍位居世界第一的寶座。主要種植阿拉比卡種，包括蒙多沃諾、依卡圖衍生種及其他。

在1975年一場嚴重的霜害後，許多咖啡農在米納斯吉拉斯州（Minas Gerais）重建其莊園，目前產量幾乎占全巴西的一半，足以媲美全球第二大咖啡生產國越南。當巴西的產量劇增或銳減時，其漣漪效應會透過市場對數以百萬人的生活造成影響，你我手中那杯咖啡的價格將隨之波動。

目前巴西全國約有30萬座咖啡農場，大小從半公頃到上萬公頃不等，所產的咖啡大概有一半是巴西人自己喝掉的。

精準的栽種
咖啡樹在平地上排列整齊，方便農人以機器進行採收，是巴西農產系統的一大特色。

巴西咖啡 關鍵報告

全球市佔率：**35%**	主要品種：**80%阿拉比卡** 波旁、卡杜艾、阿凱亞、蒙多沃諾、依卡圖 **20%羅布斯塔**
處理法：**日曬、半日曬、半水洗及水洗**	產季：5～9月

LOCAL TECHNIQUE
巴西的咖啡處理過程主要依靠機器，而且和許多國家不同的是，他們習慣先採收後分類。

全球產量排名：**全球第2大咖啡生產國**

半日曬蒙多諾渥

此一巴西的波旁、鐵比卡混種正逐漸受到歡迎。

聖埃斯皮里圖州
（ESPIRITO SANTO）

巴西第二大咖啡生產州，其中80％為羅布斯塔，部分阿拉比卡則種於南部海拔1200公尺以上的地區。

巴伊亞州（BAHIA）

部分巴伊亞州最棒的阿拉比卡來自查帕達迪亞曼蒂納（Chapada Diamantina）及普拉納爾托（Planalto）。此區南部的羅布斯塔是以機器進行大規模種植。

半日曬依卡圖

依卡圖在此地研發，是羅布斯塔的混種，因此相當強韌。

半日曬卡杜艾

半日曬的處理法保存了日曬法的甜味及水洗法的澄淨。

黑蜜處理黃依卡圖

淺焙能夠使這種巴西咖啡豆的堅果香更加明顯。

聖保羅州
（SAO PAULO STATE）

摩吉安納（Mogiana）為聖保羅州最著名的咖啡產區，由於氣候相當乾燥，因此以日曬法處理的阿拉比卡相當常見。

喜拉朵
（CERRADO）

喜拉朵地勢平坦，因此盛行機器採收，90%的咖啡豆由大型莊園生產，並以日曬法處理。

米納斯東南山林區
（MATAS DE MINAS）

大約有半數位於此山林區的農地屬小型耕作，每年收成一次。最高1200公尺的海拔高度使其咖啡在較低的溫度下生長，風味濃烈甘甜，帶有中等酸度。

南米納斯（SUL DE MINAS）

本區氣候涼爽，地勢最高達海拔1600公尺，賦予其咖啡柑橘、花香的特性，許多人因此宣稱此為巴西最棒的咖啡。

圖例
● 重要咖啡產區
▨ 產地

0 km 500
0 miles 500

地圖標示：北非、哥倫比亞、委內瑞拉、蓋亞那高原、蘇利南、法屬圭亞那、博阿維斯塔、羅賴馬州、阿馬帕州、巴爾比納水庫、瑪瑙斯、亞馬遜州、馬拉卡納夸拉高原、土庫里水庫、帕拉州、亞馬遜盆地、馬拉尼昂州、貝倫、福塔雷薩、塞阿臘州、北里約格朗德州、帕拉伊巴、伯南布科州、累西腓、阿拉戈阿斯州、塞爾希培州、皮奧伊州、韋柳港、阿克里州、朗多尼亞州、托坎廷斯州、薩爾瓦多、巴西、玻利維亞、馬托格羅索州、馬托格羅索高原、巴西利亞、聯邦區、戈亞斯州、巴西高原、米納斯吉拉斯州、美景市、巴伊亞州、米納斯東南山林區、聖埃斯皮里圖州、潘塔納爾、格蘭德營、里約熱內盧州、里約熱內盧、馬托格羅索州、聖保羅州、南米納斯、喜拉朵、聖保羅、巴拉那州、伊泰普水庫、聖卡塔琳娜州、南大河州、阿根廷、阿列格雷港、烏拉圭

哥倫比亞
COLOMBIA

一般來說，哥倫比亞咖啡濃稠厚重，風味多樣，從甘甜、堅果、巧克力到花卉、果香及近乎熱帶性格，每個地區所產的咖啡都各有千秋。

哥倫比亞的山形地勢造就其多樣的小氣候，為其咖啡帶來無限可能的獨特風味。所產之咖啡皆為阿拉比卡，包括鐵比卡及波旁種，傳統上為水洗處理，根據地區不同，每年會有1～2次的收成。有些主要在9～12月採收咖啡果，並在4、5月間有另一次規模較小的採收；有些則分別在3～6月及9、10月進行採收。哥國約有2百萬人靠咖啡維持生計，大多數人在一群小農場工作，而其中約有56萬人的農地僅僅1～2公頃大。近幾年來，精緻咖啡產業開始和這些小農個別合作，以高價購買少量的高品質咖啡豆。

越來越多哥倫比亞人開始喝咖啡，目前約有20%的產量為內銷。

曬乾咖啡豆
咖啡豆通常在水泥地上曝曬，但在地勢較陡峭之處，則會改置於屋頂上。

哥倫比亞咖啡 關鍵報告

全球市佔率：**6%**	挑戰： 曬豆受限、經濟問題、氣候變遷 水源短缺、治安不良、土壤侵蝕
主要品種： **阿拉比卡** 鐵比卡、波旁、塔比、卡杜拉、哥倫比亞、象豆、卡斯提洛	產季：**3～6月及9～12月** 處理法：**水洗**

LOCAL TECHNIQUE
大多數咖啡農擁有自己的水洗設施，能夠自行控制其乾燥處理過程（p20～21）。而抬高的棚架目前很流行，方便再曬乾過程中進行翻動。

全球產量排名：**全球第4大咖啡生產國**

南美洲

水洗卡杜拉

淺到中度烘焙能夠提升許多哥倫比亞咖啡豆的柑橘調性。

桑坦德省
（SANTANDER）

在哥國最北方的省分之中，桑坦德省及北桑坦德省的咖啡產量占了全國的9%，其中大多為遮蔭種植並位於低海拔處，造就其更柔順、更土味而酸度低的咖啡。

哥倫比亞咖啡農場

哥倫比亞的咖啡農場大多管理妥當，咖啡樹整整齊齊地成排羅列。

考卡省
（CAUCA）

考卡省的咖啡產量占全哥倫比亞的8%，轄下最著名的地區為因薩（Inzá）及波帕揚（Popayán），以甘甜、淡薄而帶有花卉及莓果調性著稱。

水洗提克士

來自薩爾瓦多的提克士在哥倫比亞的人氣正逐漸上升。

加勒比海

巴蘭基亞
大西洋省
馬格達萊納省
塞薩爾省
蘇克雷省
科爾多瓦省
玻利瓦省
北桑坦德省
麥內瑞拉
安提奧基亞省
麥德林
桑坦德省
阿勞卡省
喬科省
卡爾達斯省
里薩拉爾達省
博亞卡省
卡薩納雷省
昆迪納馬卡省
金迪奧省
波哥大
亞諾斯盆地
考卡山谷省
托利馬省
卡利
比查達省
烏伊拉省
哥　倫　比　亞
太平洋
考卡省
梅塔省
瓜伊尼亞省
納里尼奧省
瓜維亞雷省
沃佩斯省
厄瓜多
安地斯山脈
普圖馬約省
卡克塔省
秘魯
亞馬遜省
巴西

納里尼奧省（NARIÑO）

納里尼奧為所有種植咖啡的省分中位置最南的，雖然只占哥倫比亞全國產量的3%，但以其平順帶乳脂且隱約有核果香的咖啡聞名。

水洗卡杜拉及波旁

波旁及較小的卡杜拉在哥倫比亞的氣候下都能生長良好，而大多數的咖啡農也會同時種植多種品項。

烏伊拉省（HUILA）

12%的哥倫比亞咖啡來自素負盛名的烏伊拉山區，所產的咖啡豆通常富含果香、酸度十足、口感扎實而風味豐富。

托利馬（TOLIMA）

托利馬省的咖啡產量約占全國的12%，以生產柔順、甘甜，間或帶有清淡、均勻之花卉調性的咖啡聞名。

圖例

⬤ 重要咖啡產區
▦ 產地

0 km　　　　200

0 miles　　　　200

玻利維亞
BOLIVIA

玻利維亞知名的地方風味咖啡不多，但通常都甘甜勻稱，帶有花香、草本或乳脂、巧克力味。雖然是個小小的咖啡生產國，不過卻有潛力端出讓人驚艷的品種。

玻利維亞擁有2萬3千塊大小介於2～9公頃的小型家庭農場，其咖啡文化讓大約40%的總產量都留在內銷市場。

由於玻利維亞遭遇交通運輸、處理過程及技術支援短缺等內部挑戰而使其咖啡品質不穩定，因此直到近幾年才引起精緻咖啡買家的興趣。因為身處內陸，所以玻利維亞大部分外銷的咖啡都是經由秘魯出口，這樣的先天條件更增添其物流的困難。對產區附近的教育及新的處理設施之投資已經使品質有所改善，出口商也開始拓展國際市場。

玻利維亞主要種植阿拉比卡種，例如鐵比卡、卡杜拉以及卡杜艾，幾乎到處都是以有機方式栽種。主要產區為拉巴斯省（La Paz），例如南北永加斯（North and South Yungas）、法蘭茲塔馬友（Franz Tamayo）、卡拉納維（Caranavi）、因基希維（Inquisivi）以及拉雷卡哈（Larecaja）。各地產季根據其所在之海拔高度、降雨模式以及氣溫而有所不同。

水洗鐵比卡
鐵比卡豆在玻利維亞有時被稱為「阿拉比果」（Arabigo）。

玻利維亞咖啡 關鍵報告

全球市佔率：不到 **0.1%**	處理法：水洗，部分日曬
主要品種：**阿拉比卡** 鐵比卡、卡杜拉、克里歐、卡杜艾、卡帝汶	產季：**7～11月** 挑戰：不可靠的交通、缺乏處理器材及技術支援

全球產量排名：**全球第35大咖啡生產國**

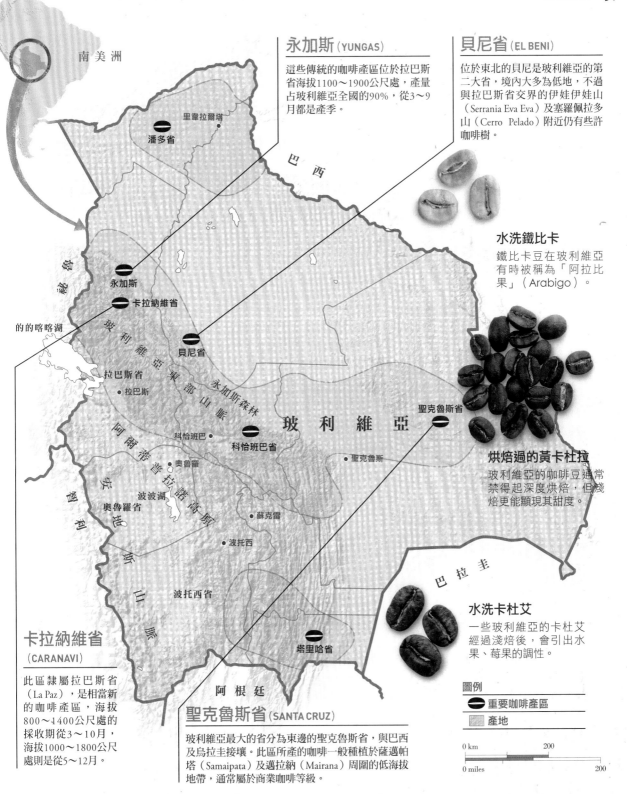

南 美 洲

永加斯（YUNGAS）

這些傳統的咖啡產區位於拉巴斯省海拔1100～1900公尺處，產量占玻利維亞全國的90%，從3～9月都是產季。

貝尼省（EL BENI）

位於東北的貝尼是玻利維亞的第二大省，境內大多為低地，不過與拉巴斯省交界的伊娃伊娃山（Serrania Eva Eva）及塞羅佩拉多山（Cerro Pelado）附近仍有些許咖啡樹。

里韋拉爾塔

潘多省

巴　西

水洗鐵比卡

鐵比卡豆在玻利維亞有時被稱為「阿拉比果」（Arabigo）。

永加斯

卡拉納維省

祕魯

的的喀喀湖

貝尼省

玻利維亞東部山脈

永加斯森林

拉巴斯省

拉巴斯

阿爾蒂普拉諾高原

科恰班巴

科恰班巴省

奧魯羅

波波湖

奧魯羅省

智利

安地斯山脈

蘇克雷

波托西

波托西省

玻 利 維 亞

聖克魯斯省

聖克魯斯

烘焙過的黃卡杜拉

玻利維亞的咖啡豆通常禁得起深度烘焙，但淺焙更能顯現其甜度。

巴 拉 圭

塔里哈省

水洗卡杜艾

一些玻利維亞的卡杜艾經過淺焙後，會引出水果、莓果的調性。

卡拉納維省（CARANAVI）

此區隸屬拉巴斯省（La Paz），是相當新的咖啡產區，海拔800～1400公尺處的採收期從3～10月，海拔1000～1800公尺處則是從5～12月。

阿 根 廷

聖克魯斯省（SANTA CRUZ）

玻利維亞最大的省分為東邊的聖克魯斯省，與巴西及烏拉圭接壤。此區所產的咖啡一般種植於薩邁帕塔（Samaipata）及邁拉納（Mairana）周圍的低海拔地帶，通常屬於商業咖啡等級。

圖例
⬤ 重要咖啡產區
▨ 產地

0 km　　　　　200
0 miles　　　　200

秘魯
PERU

少數幾種口感絕佳而勻稱，帶有土味、草本調性的咖啡正是來自秘魯。

儘管有些上等的咖啡，但**秘魯**仍舊面臨標準不一致的問題。主要原因是缺乏企業物流，不過政府已持續投資經費在教育及基礎建設上，例如道路，還有新的產區，尤其是種有阿拉比卡新品種的北部地區。

秘魯所生產的主要是阿拉比卡種，例如鐵比卡、波旁及卡杜拉。大約有90%的咖啡分布在12萬塊小農場上，其中每塊大多只有2公頃左右。

北部

祕魯有將近70%的咖啡來自其北部，以有機種植為主，並種有新的阿拉比卡。

水洗卡杜拉

只要妥善處理，烘焙過的祕魯豆澄淨而甘甜。

中部

本區地處高海拔（1200～2000公尺）所產之咖啡大多屬有機，帶有優雅柔順的酸度及層次分明的口感。

水洗卡杜拉、鐵比卡、波旁

一般作法是混雜種植、打包出售，若是能將這些秘魯品種分門別類，將可增值不少。

南部

此區為秘魯最小的咖啡產區。大部分的咖啡是散裝零售或被企業收購，使得生產履歷難以追蹤。

地圖標示：南美洲、哥倫比亞、厄瓜多、通貝斯大區、皮烏拉大區、蘭巴耶克大區、卡哈馬卡大區、拉利伯塔德大區、特魯希略、伊基托斯、洛雷托大區、亞馬遜大區、北部、聖馬丁大區、祕魯、巴西、安卡什大區、瓦努科大區、帕斯科大區、烏卡亞利大區、中部、卡強俄大區、利馬、胡寧大大區、馬德雷德迪奧斯大區、庫斯科大區、阿普里馬克大區、南部、伊卡大區、阿亞庫喬大區、普諾大區、玻利維亞、阿雷基帕大區、阿雷基帕大區、莫克瓜大區、的的喀、塔克納大區、智利、安地斯山脈

祕魯咖啡 關鍵報告

全球市佔率： **3%**	主要品種：
產季： **5～9月**	**阿拉比卡**
處理法： 水洗 	鐵比卡、波旁、 卡杜拉、帕奇、 卡帝汶

全球產量排名：全球第9大咖啡生產國

圖例

 重要咖啡產區

產地

0 km ── 300
0 miles ── 300

厄瓜多
ECUADOR

多變的生態系統造就豐富的咖啡風味，但大多仍展現經典的南美特性。

這些特性包括適中的稠度、有層次的酸度以及宜人的甜度。厄瓜多的咖啡產業面臨不少挑戰——融資短缺、產能低落、工資高漲——對其品質造成負面影響，種植面積自1985年來甚至已大減一半。產品包括羅布斯塔及下等的阿拉比卡。大部分的咖啡都是遮蔭且有機種植，多數小農還擁有自己的水洗站。不過，在高海拔地區的咖啡品質仍舊大有可為，而除了鐵比卡及波旁的衍生種外，卡杜拉、卡杜艾、帕卡斯及莎奇汶也都有種植。

南美洲

水洗羅布斯塔
目前日曬豆仍占大宗，但水洗羅布斯塔正在逐漸增加。

馬納比省
（MANABI）
此地乾燥臨海，海拔介於和緩的300～700公尺之間，是厄瓜多最大的咖啡產區，其阿拉比卡的產量占全國一半，水洗及日曬並行。

埃斯梅拉達斯
埃斯梅拉達斯省
卡爾奇省
哥倫比亞
因巴布拉省
蘇崑畢奧斯省
皮欽查省　基多
納波省
奧雷亞納省
馬納比省
科托帕希省
厄瓜多
波托維耶霍
巴利瓦省
安地斯山脈
通古拉瓦省
帕斯塔薩省
洛斯里奧斯省
里奧班巴
瓜亞斯省
欽博拉索省
瓜亞基爾
卡尼亞爾省
莫羅納聖地亞哥省
阿蘇艾省
秘魯
埃爾奧羅省
洛哈省　洛哈
薩莫拉欽奇佩省

水洗鐵比卡
大多數的咖啡樹壽命約10～15年，但厄瓜多有許多年逾40的「樹瑞」。

薩莫拉欽奇佩省
（ZAMORA CHINCHIPE）
此一地處東南的地區得利於其1000～1800公尺的高海拔，主要生產水洗阿拉比卡，風味鮮明甘甜，隱約帶有莓果氣息。

圖例
⬤ 重要咖啡產區
▨ 產地

0 km ──── 100
0 miles ──── 100

洛哈省（LOJA）、埃爾奧羅省（EL ORO）
此區位於海拔500～1800公尺處，是南部舊有的產地，全厄瓜多20%的阿拉比卡即來自此區。由於氣候乾燥，因此90%的咖啡豆是以日曬法處理。

厄瓜多咖啡 關鍵報告

全球市佔率：0.5%

主要品種：

60%阿拉比卡
40%羅布斯塔

產季：5～9月
處理法：水洗及日曬

全球產量排名：
全球第19大咖啡生產國

低咖啡因咖啡 DECAFFENIATED COFFEE

有關含咖啡因或低咖啡因咖啡及其對健康之危險或益處的迷思可說是眾說紛紜。對於喜愛且欣賞好咖啡的風味而又想減少咖啡因攝取量者，是有一些選項可供參考的。

咖啡因是否有害

咖啡因是一種嘌呤生物鹼（purine alkaloid），為無嗅略苦的化合物，純化後將成白色劇毒的粉末。在一般沖煮的咖啡中，咖啡因是一種常見的興奮劑，一旦吸收後，會快速對中樞神經造成影響，但同樣也很快就會被排出體外。其影響的程度因人而異，通常會促進新陳代謝，降低疲倦感，但也可能增加緊張度。根據不同的性別、體重、遺傳、病史，咖啡因可以是正面的興奮劑，但也可能引起負面的不適感。因此，認識咖啡因對自己所造成的生理效果及健康影響是極其重要的。

超級比一比

低咖啡因的生豆呈深綠或褐色，烘焙過後的顏色同樣較深，但不若生豆的差別明顯。由於細胞結構遭破壞，淺焙的低因豆表面會泛一層油光，表面看起來更光滑、色澤更均勻。

一般咖啡豆

烘焙前
瓜地馬拉波旁

烘焙後
瓜地馬拉波旁

低因咖啡豆

烘焙前
瓜地馬拉波旁
（山水處理法低咖啡因）

烘焙後
瓜地馬拉波旁
（山水處理法低咖啡因）

低因咖啡的真相

　　低因咖啡在大部分的商店及咖啡廳皆唾手可得，一般都已去除90～99％的咖啡因，含量比一杯黑咖啡還低得多，或大約相當於一杯熱可可。

　　不幸的是，大部分的低因咖啡都是由陳舊或劣質的生豆做成，並往往透過深度烘焙來掩蓋其不佳的風味。若是供應商顧意拿新鮮、優質的生豆來做低因處理並妥善烘焙，則其風味將不會被打折扣，甚至讓人無法判斷其為低因與否，而能盡情享用，且無任何不良效果。

低因小百科

　　低因處理有幾種不同的方式，有些使用特殊溶劑，有些則用較天然的工法，相關資訊在低因咖啡豆的商品標示上都可加以確認。

溶劑式處理（Solvents Process）

　　首先將豆子以蒸汽環繞或熱水浸泡，使其細胞組織軟化，再加入乙酸乙酯（ethyl acetate）及氯化甲烷（methylene chloride）將咖啡因溶出或從水分中分離。這些溶劑的針對性不強，有時連咖啡豆中的有益物質也一併帶走，過程對豆子的結構可能造成傷害，並增添後續儲藏及烘焙的困難。

瑞士水處理（Swiss Water Process）

　　首先將咖啡豆浸入生豆萃取液（green coffee extract）——浸泡過生豆而溶出並充滿其內含物質，再經活性碳將咖啡因濾出的水——待咖啡因溶出後，再次以活性碳過濾，如此反覆操作溶出、過濾咖啡因，直至達到所要的濃度為止。　這種處理法不添加化學成分，對豆子溫和不刺激，能盡量保持完整的天然風味。

　　另一個幾乎相同的方式是山水處理法（Mountain Water Process），不過是使用墨西哥奧里薩巴山（Pico de Orizaba）的泉水製成。

二氧化碳處理（CO₂ Process）

　　以低溫高壓形成的液態二氧化碳從咖啡豆的細胞中直接萃取出咖啡因，對影響咖啡風味的成分幾乎不造成影響。咖啡因被過濾揮發掉後，原先的液態二氧化碳可再重複利用，萃取出更多咖啡因。此法不含化學物質，溫和不刺激，被視為能夠保存豆子天然風味的有機法。

以二氧化碳處理的低因咖啡豆
此法使豆子滑順有光澤，呈深綠色。

瓜地馬拉
GUATEMALA

瓜地馬拉的咖啡蘊含一些特殊多樣的地方風味，從可可亞、太妃糖的調性，到草本、柑橘或花香的清爽酸度。

瓜地馬拉從山區到平原擁有許多小氣候，加上數種降雨模式及肥沃土壤，孕育出風味多變的咖啡。

幾乎所有省分都種有咖啡，而「瓜地馬拉全國咖啡協會」（Guatemalan National Coffee Association）更界定出各自出產獨特風味咖啡的八大區域。受到品種及當地小氣候的影響，各區咖啡在香氣及風味上有極大的差異。約有27萬公頃的土地都用於栽植各種咖啡，大多數是水洗阿拉比卡，例如波旁及卡杜拉。西南部的低海拔地區則有少量的羅布斯塔。全國總共有將近20萬名咖啡農，大多各自擁有2～3公頃的小農地。大部分的農人會將咖啡果送到水洗廠去處理（p20～23），不過自行設立小型處理廠的比例也正在逐漸增加。

山坡種植
瓜地馬拉的高海拔咖啡產區一片蒼翠，常被雲霧靄靄環繞。

瓜地馬拉咖啡 關鍵報告

全球市佔率： 大約 **2.5%**

主要品種：
98% 阿拉比卡
波旁、卡杜拉、卡杜艾、鐵比卡、象豆、帕奇
2% 羅布斯塔

產季： **11～4月**

處理法： 水洗，少量日曬

LOCAL TECHNIQUE
「injerto reina」是一種嫁接技術，將阿拉比卡的莖接到羅布斯塔的根上，藉此增強阿拉比卡樹的抗病力，同時保存其固有風味。

全球產量排名： 全球第 **10** 大咖啡生產國

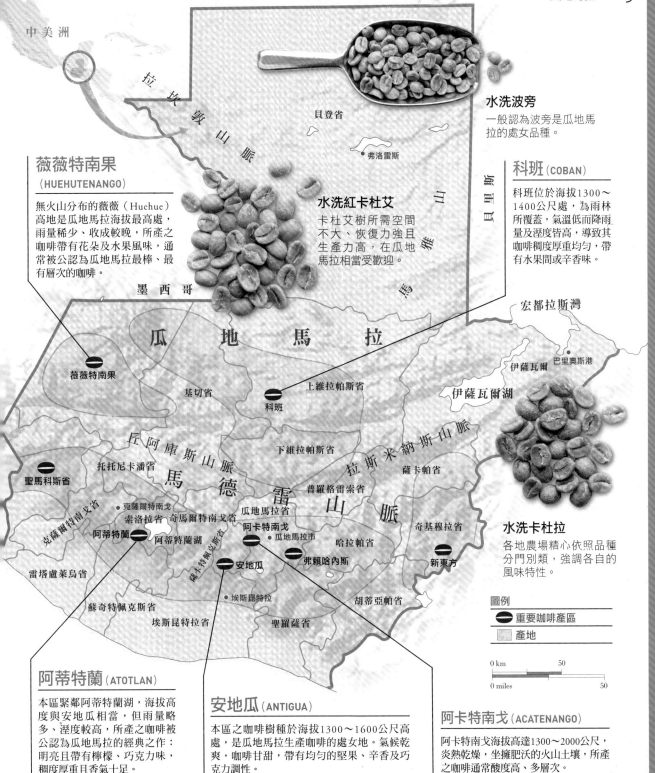

中美洲

拉坎敦山脈

貝登省

弗洛雷斯

貝里斯

馬雅山

宏都拉斯灣

巴里奧斯港

伊薩瓦爾

伊薩瓦爾湖

墨西哥

瓜　地　馬　拉

基切省

上維拉帕斯省

科班

下維拉帕斯省

拉斯米納斯山脈

薩卡帕省

丘阿庫斯山脈

托托尼卡潘省

馬德雷山脈

普羅格雷索省

奇基穆拉省

聖馬科斯省

克薩爾特南戈省

克薩爾特南戈
索洛拉省　奇馬爾特南戈省

瓜地馬拉省

阿蒂特蘭　阿蒂特蘭湖

阿卡特南戈　瓜地馬拉市

哈拉帕省

雷塔盧萊烏省

薩卡特佩克斯省
安地瓜

弗賴哈內斯

新東方

埃斯昆特拉

蘇奇特佩克斯省

埃斯昆特拉省

胡蒂亞帕省

聖羅薩省

水洗波旁

一般認為波旁是瓜地馬拉的處女品種。

科班 （COBAN）

科班位於海拔1300～1400公尺處，為雨林所覆蓋，氣溫低而降雨量及溼度皆高，導致其咖啡稠度厚重均勻，帶有水果間或辛香味。

薇薇特南果 （HUEHUTENANGO）

無火山分布的薇薇（Huehue）高地是瓜地馬拉海拔最高處，雨量稀少、收成較晚，所產之咖啡帶有花朵及水果風味，通常被公認為瓜地馬拉最棒、最有層次的咖啡。

水洗紅卡杜艾

卡杜艾樹所需空間不大、恢復力強且生產力高，在瓜地馬拉相當受歡迎。

水洗卡杜拉

各地農場精心依照品種分門別類，強調各自的風味特性。

圖例

⬛ 重要咖啡產區

▨ 產地

0 km ———— 50

0 miles ———— 50

阿蒂特蘭 （ATOTLAN）

本區緊鄰阿蒂特蘭湖，海拔高度與安地瓜相當，但雨量略多、溼度較高，所產之咖啡被公認為瓜地馬拉的經典之作：明亮且帶有檸檬、巧克力味，稠度厚重且香氣十足。

安地瓜 （ANTIGUA）

本區之咖啡樹種於海拔1300～1600公尺高處，是瓜地馬拉生產咖啡的處女地。氣候乾爽，咖啡甘甜，帶有均勻的堅果、辛香及巧克力調性。

阿卡特南戈 （ACATENANGO）

阿卡特南戈海拔高達1300～2000公尺，炎熱乾燥，坐擁肥沃的火山土壤，所產之咖啡通常酸度高、多層次。

薩爾瓦多
EL SALVADOR

薩爾瓦多產有一些全世界最風味十足的咖啡，乳脂甘甜，帶有乾果、柑橘、巧克力及焦糖調性。

第一批抵達**薩爾瓦多**的阿拉比卡種由於正值該國政經遽變，而被擱置在農場上。目前幾乎三分之二的咖啡都是波旁，其餘三分之一則多為帕卡斯及少數的帕卡瑪拉，後者是薩國所培育出的熱門混種。

薩爾瓦多約有兩萬名咖啡農，其中95%所擁有的農地不到20公頃，且位於海拔500～1200公尺，更有將近半數就座落在阿帕內卡–依拉瑪鐵別地區。由於採遮蔭栽培，咖啡種植因此在與森林破壞及野生動物棲息地減少的對抗中扮演重要的角色。若是將這些樹移除，整個薩爾瓦多就幾乎沒有天然森林了。

近年來，咖啡農們主要致力於改善其咖啡品質以吸引精緻咖啡買家，增強其對抗商品市場波動的能力。

阿帕內卡-依拉瑪鐵別
（APANECA-LLAMATEPEC）

本山脈通過聖安娜省（San ta Ana）、松索納特省（Sonsonate）及阿瓦查潘省（Ahuachapan），是薩國最大的咖啡種植區，多數中大型的農場都位於此地。

水洗波旁
（二氧化碳低因處理）

來自高地、新鮮栽植的咖啡豆風味十足，最禁得起低因的處理過程。

阿羅特培-美塔潘
（ALOTEPEC-METAPAN）

位於西北的小火山區跨越了幾個著名的省分，例如聖安娜省（Santa Ana）及查拉特南戈省（Chalatenango），農地數量雖然最少，但往往被認為產有部分最棒的咖啡。

寶薩摩-克薩爾特佩克
（EL BALSAMO-QUETZALTEPEC）

位於中央火山帶南側的寶薩摩山脈及聖薩爾瓦多火山孕育了將近4000名咖啡農，生產的咖啡稠度厚重且帶有經典的中美洲勻稱感。

圭哈湖

阿羅特培-美

聖安娜省

聖安娜

阿帕內卡-依拉瑪鐵別

阿瓦查潘

阿瓦查潘省

薩

拉利伯塔德省

新聖薩爾瓦多

松索納特

松索納特省

寶薩摩-克薩爾特

圖例

⬛ 重要咖啡產區

▨ 產地

0 km　　　30

0 miles　　　30

咖啡農場

咖啡樹經常與其他作物搭配間作，例如象腿蕉等果樹或可作木材的樹。

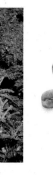

水洗帕卡瑪拉
（Pacamara）

帕卡瑪拉為帕卡斯與象豆的混種，通常帶有舒適的草本口感

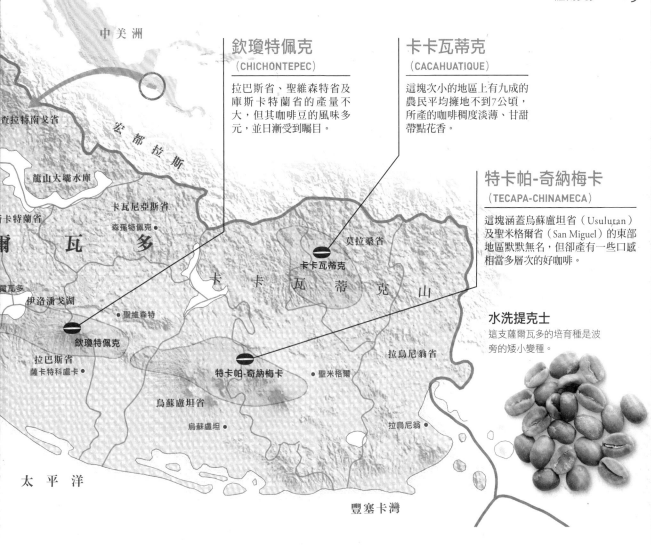

欽瓊特佩克
(CHICHONTEPEC)

拉巴斯省、聖維森特省及庫斯卡特蘭省的產量不大,但其咖啡豆的風味多元,並日漸受到矚目。

卡卡瓦蒂克
(CACAHUATIQUE)

這塊次小的地區上有九成的農民平均擁地不到7公頃,所產的咖啡稠度淡薄、甘甜帶點花香。

特卡帕-奇納梅卡
(TECAPA-CHINAMECA)

這塊涵蓋烏蘇盧坦省(Usulutan)及聖米格爾省(San Miguel)的東部地區默默無名,但卻產有一些口感相當多層次的好咖啡。

水洗提克士

這支薩爾瓦多的培育種是波旁的矮小變種。

中美洲

宏都拉斯

太平洋

豐塞卡灣

薩爾瓦多咖啡 關鍵報告

全球市佔率:	處理法:	主要品種:
0.9%	**水洗,**	**阿拉比卡**
產季:10~3月	**部分日曬**	波旁、帕卡斯、帕卡瑪拉、卡杜拉、卡杜艾、卡提斯克

全球產量排名:全球第15大咖啡生產國

哥斯大黎加
COSTA RICA

哥斯大黎加的咖啡美味易飲，展現多層次的甘甜、精緻的酸度、多汁的口感，以及柑橘、花卉類的風味。

哥斯大黎加深深以其種植、生產的咖啡自豪，因此禁止羅布斯塔種來保護阿拉比卡種，例如鐵比卡、卡杜拉以及維拉羅伯。政府也頒布嚴格的環保法規，保護珍貴的生態系統與咖啡產業的未來。

哥斯大黎加目前有5萬多名咖啡農，其中大約九成是小農，各自擁有不到5公頃的土地。該國的咖啡產業已經歷一番革新，朝生產優質咖啡的目標邁進。產區附近設有數座小型處理廠，讓獨立或合作的咖啡農能處理自己的豆子，控制並提升其作物品質，而且直接和來自全球各地的買家交易。

此一發展幫助年輕人能夠在全球少有的不穩定市場中，延續其家族莊園的經營。

黃蜜維拉羅伯
維拉羅伯的天然甘甜經過蜜處理後能更上層樓。

中美洲
聖埃倫娜半島
瓜納卡斯特山
帕帕加約灣
利比里亞
瓜納卡斯特省
尼科亞半島
尼加拉

哥斯大黎加咖啡 關鍵報告

全球市佔率： 1%

主要品種：
阿拉比卡
鐵比卡、卡杜拉、卡杜艾、薇拉莎奇、波旁、瑰夏、維拉羅伯

產季：
各區不同

處理法：
水洗、蜜處理、日曬

LOCAL TECHNIQUE
蜜處理（honey process）是哥斯大黎加對「半日曬」（p20）的稱呼，依照果肉留存的比例由高至低，可分為金蜜、黑蜜、紅蜜、黃蜜、白蜜。

全球產量排名： 全球第 **14** 大咖啡生產國

黃蜜薇拉莎奇

薇拉莎奇的水果及花卉調性使其成為哥斯大黎加最獨特的品種之一。

中央谷地

這裡是中美洲最早種植咖啡的地區，目前所居住的人口也是最多的。大部分的咖啡種植於海拔1000～1400公尺處，採收期則從11～3月。

水洗卡杜艾

哥斯大黎加的咖啡豆大多經由水洗處理，即使在烘焙後，嚐起來依舊明亮清新。

高海拔咖啡莊園

由於氣候變遷，許多哥斯大黎加的咖啡農紛紛選擇在高海拔處種植阿拉比卡種。

阿拉胡埃拉省

阿雷納爾湖

埃雷迪亞省

哥　斯　大　黎　加

蓬塔雷納斯省

中　央

蓬塔雷納斯

西部谷地

埃雷迪亞

聖荷西

山　脈

中央谷地

卡塔哥省

利蒙省

利蒙

三河區

卡塔哥

圖里亞爾瓦

聖荷西省

歐羅西

塔拉蘇

中　央　山　脈

塔　拉　蘇　卡　山　脈

巴　拿　馬

西部谷地

中央山脈的坡度不僅適合種植咖啡，更有一些海拔高達2000公尺的地方，此區經濟條件較其他地區為佳，75%的農地被劃為森林保育地。產季則是從11～4月。

塔拉蘇（TARRAZU）

海拔1200～1900公尺高的塔拉蘇，也許是哥斯大黎加最知名的咖啡產區，主要品種為卡杜拉及卡杜艾，以遮蔭種植。許多分區的咖啡各有其特色及多重風味，產季從11～3月。

蓬塔雷納斯省

布蘭卡

漆岸丘陵

戈爾菲托

奧薩半島

杜爾塞灣

三河區（TRES RIOS）

三河區是位於聖荷西省東邊，介於塔拉蘇及中央谷地之間的一小區域，海拔介於1200～1650公尺之間，產有經典、均衡的咖啡，產季從8～2月。

布蘭卡（BRUNCA）

這個位於哥國最南端的產區從1950年代才開始種植咖啡，兩大產地為科托布魯斯（Coto Brus）及佩雷斯澤倫頓（Perez Zeledon），前者較為涼快潮濕，後者則是地勢較高，海拔達1700公尺。產季從9～2月。

黃蜜卡杜拉

卡杜拉在哥斯大黎加被大量種植，通常甘甜帶巧克力味。

圖例

⚫ 重要咖啡產區

▨ 產地

0 km ——— 50

0 miles ——— 50

尼加拉瓜
NICARAGUA

頂級尼加拉瓜咖啡的風味多樣，從甘甜、乳脂及巧克力牛奶到較為花香、精緻，各區的地方風味可說是各有千秋。

地廣人稀的**尼加拉瓜**要種出上好咖啡絕對不成問題，但在威力驚人的颶風和不穩定的政經局勢夾擊下，咖啡的生產和名聲都雙雙遭受打擊。儘管如此，咖啡依舊是其主要的出口貨物，生產者莫不渴望在精緻市場中重獲一席之地，紛紛在持續改善的基礎建設中不斷加強其栽種技巧。

尼加拉瓜約有4萬名咖啡農，其中80%的農人各自所擁有的農地還不到3公頃，活躍於海拔800～1900公尺之間。此處的咖啡以阿拉比卡豆為主，包括波旁及帕卡瑪拉等品種。由於化肥資金短缺，因此咖啡樹多為有機種植。許多種植者將豆子賣給大型處理廠，造成生產履歷難以追蹤，不過獨立農場已經開始與精緻咖啡買家直接接洽交易。

提高產量
為了提高咖啡樹的產量，農人們開始以更有效率的方式進行修剪及施肥。

尼加拉瓜咖啡　關鍵報告

全球市佔率：	產季：
1.2%	**10～3月**
主要品種：	處理法：
阿拉比卡	**水洗、部分日曬及半日曬**
卡杜拉、波旁、帕卡瑪拉、象豆、瑪拉卡杜拉、卡杜艾、卡帝汶	

全球產量排名：**全球第13大咖啡生產國**

中美洲

新塞哥維亞省
（NUEVA SEGOVIA）

新塞歌維亞省素來產有部分最出色的咖啡，酸度高、層次足，甜度均衡，並有豐富多樣的辛料及乾果風味。

希諾特加省
（JINOTEGA）

雖然西諾特加省是尼國第二大省，但咖啡產量卻高居第一，通常酸度高、口感清淡，帶有可可及莓果調性。

水洗紅卡杜艾

尼加拉瓜的卡杜艾樹跟其他國家的一樣，也能長出紅色或黃色的果實。

水洗卡杜拉

卡杜拉的種植面積廣大，口感甘甜而像堅果。

宏都拉斯

卡貝薩斯港

北大西洋自治區

加勒比海

新塞哥維亞省
奧科塔爾
馬德里茲
希諾特加省
埃斯特利省
阿帕納斯湖
希諾特加
瑪塔加爾帕省

伊
貝
拉
山
脈

水洗帕卡瑪拉

烘焙過的尼加拉瓜帕卡瑪拉豆通常呈現草本味及高酸度。

奇南德加省
奇南德加
雷昂
雷昂省
馬拿瓜湖
馬拿瓜
馬拿瓜省
馬薩亞省
馬薩亞
格拉納達
卡拉索省
格拉納達省

尼　加　拉　瓜

博阿科

瓊塔萊斯省
惠加爾帕

南大西洋自治區

蚊
子
海
岸

布盧菲爾茲

平
洋

馬德里茲
（MADRIZ）

馬德里茲過去隸屬新塞哥維亞省，是個名不見經傳的小地方，但是產有一些清爽雅致的咖啡，後勢大有可為。

尼加拉瓜湖
奧梅特佩島
里瓦斯省

聖胡安河省

埃斯特利省
（ESTELI）

面積不大的埃斯特利省或許默默無名，但卻產有絕佳的咖啡，均衡、甘甜而帶有醇和的口感、花香及黃色水果的調性。

圖例

⬤ 重要咖啡產區

▨ 產地

0 km　　　50
0 miles　　50

水洗瑪拉卡杜拉

瑪拉卡杜拉為象豆及卡杜拉的混種，盡管這些體積龐大的豆子種在尼加拉瓜，但有時嚐起來卻像極了肯亞咖啡。

瑪塔加爾帕省
（MATAGALPA）

瑪塔加爾帕省產有部分尼加拉瓜最頂級的咖啡，其酸度被控制在有如檸檬，口感似乳脂，並帶細緻的花卉調性及顯著的甘甜風味。

宏都拉斯 HONDURAS

中美洲風味呈現強烈對比之最的咖啡正是來自宏都拉斯，從柔順、酸度低、帶堅果味而像太妃糖，到酸度極高的肯亞式咖啡，變化多端。

宏都拉斯是種得出澄淨而多層次咖啡的地方，但卻飽受基礎建設不佳及乾燥設施缺乏之累。

三個省份就包辦宏國過半數的咖啡產量。小農們種植的以阿拉比卡種為主，包括帕卡斯及鐵比卡，

通常自始即為有機栽種，並且幾乎都是遮蔭種植。為了推廣地方精緻咖啡，全國咖啡協會（National Coffee Institute）在訓練及教育方面皆有所投資。

阿加爾塔

奧蘭喬省是宏都拉斯最先種植咖啡的地方，目前則幾乎遍及全國各省。

中美洲

加勒比海

烏提拉島

宏都拉斯灣

科隆省

力拓山脈

阿特蘭蒂達省　拉塞瓦

科爾特斯省

聖佩德羅蘇拉

約羅省

水洗帕卡斯

宏都拉斯的帕卡斯豆通常相當勻稱且帶有豐富水果香氣。

科潘產區

格拉西亞斯阿迪奧斯省

科潘省

聖巴巴拉省

宏都拉斯

阿加爾塔

科潘省聖羅莎

科馬亞瓜省

奧蘭喬省

胡蒂卡爾帕

馬德雷山脈

瓜地馬拉

科馬亞瓜

弗朗西斯科莫拉桑省

奧科特佩克省

因蒂布卡省

倫皮拉省

蒙德西猶斯

埃爾帕拉伊索省

圖例

🌑 重要咖啡產區

▨ 產地

0 km　　50

0 miles　　50

拉巴斯省

德古斯加巴

中央區

山谷省

喬盧特卡

喬盧特卡省

蒙德西猶斯
（MONTECILLOS）

本區橫跨拉巴斯省、部分科馬亞瓜省、因蒂布卡省以及聖巴巴拉省，以擁有一些宏都拉斯境內海拔最高的咖啡農場，能夠生產明亮帶柑橘味且層次豐富的咖啡而自豪。

科潘省（COPAN）

科潘省、奧科特佩克省、科爾特斯省、聖巴巴拉省以及部分倫皮拉省等地，共同打造出稠度醇厚、帶可可味且甜度高的科潘豆。

阿加爾塔（AGALTA）

阿加爾塔橫跨奧蘭喬省以及約羅省，所產的咖啡時有熱帶風味且甘甜，酸度高且帶巧克力調性。

宏都拉斯咖啡 關鍵報告

全球市佔率：**3%**	主要品種：**阿拉比卡** 卡杜拉、卡杜艾、帕卡斯、鐵比卡
產季：11 ～ 4月	
處理法：水洗	

全球產量排名：全球第 7 大咖啡生產國

巴拿馬 PANAMA

巴拿馬咖啡甘甜而均衡，間或帶有花卉或柑橘香氣，面面俱到而易飲。特殊的品種，例如瑰夏，則相當昂貴。

大部分的咖啡種在位於西部的**奇里基省**（Chiriquí），該地氣候及沃土提供適宜的種植環境，巴魯火山的高海拔則有助延緩熟成速度。此區主要生產阿拉比卡豆，包括卡杜拉及鐵比卡。農地面積屬中小型，為家族莊園，並有政府提供良好的處理設施及妥善的基礎建設。

但經濟開發已逐漸威脅到農地，使得咖啡產業的前景難測。

水洗卡杜拉
本品種於巴國各地皆有種植，但在奇里基最為普遍。

中美洲

「酒釀處理」的各式品種咖啡豆
當地的「酒釀處理」讓咖啡果在樹上達到「過熟」的狀態。

達連灣

沃崗（VOLCAN）
部分海拔最高的農場即位於此處，規律的降雨及肥沃的土讓使巴魯咖啡的風味通常特別豐富且甘甜。

科隆　加通湖　巴拿馬省　巴雅諾湖　厄納德馬頓干迪特區　聖布拉斯特區　巴拿馬城　聖米格利托

博卡斯德爾托羅省　瑞納西米恩度　沃崗　博克特　奇里基省　恩戈貝-布格雷特區　中央山脈巴拿馬　科克萊省　貝拉瓜斯省　聖地亞哥　奇特雷埃雷拉省　阿蘇埃羅半島　洛斯桑托斯省

奇里基灣　科伊瓦島

巴拿馬灣　珍珠群島　拉帕爾馬　恩貝拉-沃內安特區　達連省　恩貝拉-沃內安特區

水洗瑰夏
瑰夏如今能在世界各地種植，得歸功於在巴拿馬的成功崛起。

瑞納西米恩度（RENACIMIENTO）
瑞納西米恩度是巴拿馬最北端的咖啡產區，聯外交通不便而較不知名，與哥斯大黎加接壤，農地位於海拔2000公尺高處，有潛力生產澄淨、酸度高的咖啡。

博克特（BOQUETE）
博克特是巴拿馬歷史最悠久、名聲最響亮的咖啡產區，涼快多霧，是世界上一些最昂貴的咖啡家鄉，風味從可可到果香，並帶微微的酸度。

圖例
● 重要咖啡產區
▨ 產地
0 km　50
0 miles　50

巴拿馬咖啡 關鍵報告
全球市佔率：**0.08%**
產季：**12～3月**
處理法：**水洗及日曬**
全球產量排名：**全球第36大咖啡生產國**

主要品種：
阿拉比卡
卡杜拉、卡杜艾、鐵比卡、瑰夏、蒙多沃諾、少許羅布斯塔

萬國咖啡——
加勒比地區及北美洲

COFFEES OF THE WORLD
CARIBBEAN AND
NORTH AMERICA

墨西哥
MEXICO

墨西哥咖啡正逐漸在精緻市場上嶄露頭角，以其甘甜、柔順、溫和而均衡的風味擄獲人心。

墨西哥有70％的咖啡種在海拔400～900公尺高處，而整個咖啡產業的從業人員則超過30萬人，其中大多數是擁地不到25公頃的小農。產能低、金融支援有限、基礎建設不佳、技術協助短缺，造成品質難以獲得改善。不過，精緻咖啡買家與有潛力栽種優質咖啡的生產者正逐漸搭上線，而在海拔1700公尺處種植咖啡的企業和莊園也開始外銷其富含個性與變化多端的咖啡。

墨西哥生產的咖啡幾乎全都是水洗阿拉比卡豆，例如波旁以及鐵比卡。產季從11月由低地開始，直到3月左右終於海拔較高的地區。

墨西哥咖啡 關鍵報告

全球市佔率：3%

主要品種：
90％阿拉比卡
波旁、鐵比卡、卡杜拉、
蒙多沃諾、象豆、卡帝汶、
卡杜艾、加尼卡
10％羅布斯塔

產季：
11～3月

處理法：
水洗，部分日曬

挑戰：
產能低、基礎建設不佳、金融及技術支援有限

全球產量排名：全球第8大咖啡生產國

北美洲

水洗卡杜拉、卡杜艾、波旁
墨西哥的咖啡農經常將數種品種並排栽植。

苗圃中的咖啡幼苗
就跟大多數其他國家及地區一樣，墨西哥的咖啡樹苗也是誕生於苗圃（p16～17），受到遮蔭網的保護。

東馬德雷山脈

科阿韋拉州

蒙特雷
新萊昂洲

杜蘭戈州

杜蘭戈
薩卡特卡斯州

塔毛利帕斯洲

墨 西 哥

聖路易斯波托西州

亞里特州
特皮克

阿瓜斯卡連特斯州
聖路易斯波托西

瓜達拉哈拉

瓜納華托州
萊昂

哈利斯科州

克雷塔羅州
克雷塔羅
伊達爾戈州

科利馬州

米卻肯州

莫雷利亞
墨西哥城
托盧卡

特拉斯卡拉州
普埃布拉
庫埃納瓦卡

莫雷洛斯州普埃布拉州

格雷羅州

阿卡普爾科

南馬德雷山脈

瓦哈卡
瓦哈卡州

普埃布拉州
（PUEBLA）

普埃布拉州是墨西哥第四大咖啡產區，咖啡種植在海拔1400公尺高處，通常柔順而帶微微的堅果調性。

維拉克魯茲州
（VERACRUZ）

維拉克魯茲州位於墨西哥灣沿岸，咖啡在高低地皆有種植，展現多樣的風味與特性。

維拉克魯茲州

坎佩切灣

特萬特佩克地峽

圖斯特拉

恰帕斯馬德雷山脈

恰帕斯州 **（CHIAPAS）**

恰帕斯州的咖啡具有核果風味及可可調性，出自位於東南角與瓜地馬拉接壤的熱帶叢林，是墨西哥面積最大、最受歡迎的咖啡產地。

猶加敦海峽

加 勒 比 海

梅里達
猶加敦州

猶加敦半島

坎佩切

金塔納羅奧

坎佩切州

塔巴斯科州

恰帕斯州

圖例
● 重要咖啡產區
▨ 產地

0 km　　200
0 miles　　200

瓦哈卡州 **（OAXACA）**

此區位於墨西哥南岸，咖啡最高種植在海拔1700公尺處，稠度中等，帶有巧克力、杏仁調性以及清淡的酸度。

水洗卡杜拉、卡杜艾、波旁

墨西哥的阿拉比卡豆酸度低，淺焙過後更是閃閃發亮。

太 平 洋

波多黎各
PUERTO RICO

北美洲

波多黎各是面積最小的咖啡生產國之一，所產的咖啡甘甜、酸度低，口感滑順圓潤，帶有雪松、草本及杏仁調性。

由於政治波動、氣候變遷及生產成本居高不下等因素干擾，波多黎各的咖啡產量在近幾年來呈現下滑。據估計有將近半數的作物即因缺工而無人採收。

莊園位於中央山脈西部，從林孔（Rincon）延伸到奧羅科維斯（Orocovis），多在海拔750～850公尺處，而海拔更高處也是有種植咖啡，例如龐塞（Ponce）的最高峰即高達1338公尺。

主要種植品種為阿拉比卡豆，包括波旁、鐵比卡、帕卡斯以及卡帝汶。國產的咖啡只有三分之一內銷，其餘則進口自多明尼加共和國及墨西哥。至於出口量並不大。

阿德洪塔斯（ADJUNTAS）

此區由於氣候涼爽、海拔高達1000公尺，而被暱稱為「波多黎各的瑞士」，當地的咖啡即由來自地中海的移民所引進。

哈尤亞（JAYUYA）

哈尤亞位於中央山脈的熱帶雲霧森林中，海拔高度在波多黎各位居第二，同時以該邦固有首都著稱。

美 屬 波 多 黎 各

聖胡安
阿雷西沃
巴阿蒙
卡羅利納
拉斯瑪麗亞斯
馬亞圭斯
哈尤亞
卡瓜斯
盧基約山脈
阿德洪塔斯
脈
中 央 山
卡耶伊山脈
龐塞
加 勒 比 海

拉斯瑪麗亞斯（LAS MARIAS）

拉斯瑪麗亞斯除了號稱「柑橘水果之都」外，咖啡也是其重要的農作物，許多大莊園都在旅行社規劃的波多黎各咖啡之旅路線上。

波多黎各咖啡 關鍵報告

全球市佔率：	主要品種：
不到 **0.01%**	**阿拉比卡**
產季：8～3月	波旁、鐵比卡、卡杜拉、卡杜艾、帕卡斯、莎奇汶利馬尼、卡帝汶
處理法：水洗	

全球產量排名：全球第52大咖啡生產國

水洗帕卡斯
從薩爾瓦多引進的帕卡斯在波多黎克的土壤中繁殖良好。

圖例
● 重要咖啡產區
▨ 產地

0 km ——— 30
0 miles ——— 30

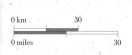

烘焙過的水洗卡帝汶
卡帝汶是羅布斯塔豆與阿拉比卡豆的混種，在大部分地區都繁衍良好且產能極佳，波多黎各也不例外。

夏威夷
HAWAII

夏威夷咖啡均衡、澄淨、細緻、溫和，帶有牛奶巧克力的風味、微微的果酸及中等稠度，馥郁而甘甜。

夏威夷種植的咖啡品種以阿拉比卡豆為主，例如鐵比卡、卡杜艾以及卡杜拉。由於市場行銷得當，造成夏威夷豆價格不斐，因此成為全世界部分最常遭仿冒的對象，尤其是來自可那的豆子。島上就規定必須至少含有10%來自可那的豆子才可掛上其名，但美國本土並無相關限制，頗受爭議。

生產和勞工成本很高，許多階段皆高度機械化。

咖啡間作
咖啡農越來越常在咖啡樹旁種植其他樹木，藉此提供遮蔭。

水洗紅卡杜艾
夏威夷的卡杜艾有時帶有似蕈類、皮革的口感。

北美洲

可愛郡（KAUAI）

西北群島中的最大島——可愛——產有全夏威夷將近一半的咖啡，種植地點不僅可高達海拔1600公尺，在低如150公尺處亦能見其蹤影。

尼豪島　可愛島　可愛郡　利胡　可愛海峽　歐胡島　珍珠市　夏威夷　檀香山　太平洋　摩洛凱島　太平洋　拉奈島　懷盧庫　茂宜島　茂宜郡　卡胡拉威島

茂宜郡（MAUI）

茂宜擁有夏威夷群島中的第二高海拔，幾乎經年皆有咖啡收成。60%的咖啡豆以日曬法處理，幾乎所有的咖啡在烘焙前就已售罄。

夏威夷郡（HAWAII）

沿著冒納羅亞火山（Mauna Loa）的可那（Kona）、卡霧（Ka'u）、哈瑪庫亞（Hamakua）及北希洛（North hilo）等地提供肥沃的黑土使咖啡生長茂盛，島上大部分的咖啡豆則是完全以水洗法處理。

希洛　夏威夷郡　夏威夷島

圖例

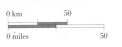

⬛ 重要咖啡產區
▨ 產地

```
0 km          50
0 miles       50
```

夏威夷咖啡 關鍵報告

全球市佔率：
不到 **0.01%**

產季： 9～1月

處理法： 水洗及日曬

主要品種：
阿拉比卡
鐵筆卡、卡杜拉、卡杜艾、摩卡、藍山、蒙多諾渥

全球產量排名： 全球第 **41** 大咖啡生產國

風味搭配 FLAVOUR PAIRINGS

　　咖啡可與風味互補的佐料搭配品嚐，製造出更刺激的飲用經驗。試試看甘甜、馥郁、新鮮或辛香的搭配，結果將令你的味蕾大開眼界。

莓果

覆盆子、櫻桃、草莓及越橘莓。若想嘗試如奶油般柔順的莓果咖啡，可以試試看**草莓蕾絲**（p180）。

堅果

開心果、花生、榛果、杏仁、腰果、栗子、胡桃及銀杏果。**杏仁阿芙佳朵**（p178）便是灑上杏仁碎片。

酒

大吉嶺茶、白蘭地、啤酒、科涅克白蘭地、威士忌、君度（Cointreau）、蘭姆酒、杜松子酒及龍舌蘭酒。經典的酒精咖啡──**愛爾蘭咖啡**（p208）──完美結合了威士忌與咖啡的風味。

草本

迷迭香、鼠尾草、桉樹（尤加利樹）、龍蒿、羅勒（九層塔）、薄荷、香菜、蛇麻草、甘菊、接骨木花及香檸檬。**一縷清香**（p195）便是利用薄荷與咖啡搭配。

乳品

牛奶、代乳品（例如豆漿、杏仁奶或米漿）、鮮奶油、優酪乳及奶油。若要選擇無乳的選項，則可嘗試**米漿冰拿鐵**（p192）。

CHOCOLATE · NUTTY · RICH

異國水果

芒果、荔枝、鳳梨及椰子。椰子愛好者若想來杯可口的熱咖啡，可以試試**麻糬阿芙佳朵**（p177）。

木本水果

蘋果、梨子及無花果。想要一杯帶有蘋果與莓果變化的熱黑咖啡，那就試試**我是你的越橘莓**（p168）。

柑橘

檸檬及柳橙。檸檬汁可替一杯冰釀咖啡增添幾分鮮味，例如**加勒比特調**（p190）。

核果

杏仁及油桃。想來杯提神的冰咖啡，那就試試**杏仁八角咖啡**（p193）。

PICY · FRUITY · ARAMEL

糖漿及糖精

蜂蜜、蜜糖、可可粉及焦糖。若要天然甜的冰咖啡，可以試試**奶蜜特調**（p199）。

辛香料

紅番椒、香草、薑、香茅、肉桂、甘草、肉豆蔻、藏紅花及小茴香。試試充滿肉豆蔻香的**賽風香料**（p172）。

牙買加
JAMAICA

　　一些世界上行銷最成功、價格最高檔的咖啡即來自於此，其豆子甘甜、柔順、圓潤，帶有堅果調性及中度口感。

牙買加最著名的咖啡來自藍山山脈，這些象徵性的豆子不以黃麻或粗麻布袋運送，而是裝在木桶裡。其價格之高，導致常有參雜或整批的贗品流通，目前正研擬相關措施進行保護。除了藍山種外，鐵比卡的種植數量也相當可觀。

藍山農場
位於藍山山坡上的一座牙買加咖啡農場，具有富含礦物質的肥沃土壤。

蒙特哥貝

特里洛尼區

漢諾瓦區

科克皮特地區

聖安娜區

聖瑪麗區

威斯特摩蘭區

中部及西部

牙　買　加

牙買加海峽

安東尼奧港
波特蘭區

聖伊麗莎白區　曼德維爾

聖凱瑟琳區

聖安德魯區

東部

克拉倫登區

西班牙鎮

京斯敦

聖托馬斯區

曼徹斯特區

梅彭

波特莫爾

莫蘭特貝

加勒比地區

波特蘭灣

```
0 km          30
0 miles       30
```

牙買加咖啡 關鍵報告

全球市佔率：
不到 **0.01%**

產季：
9～3月

主要品種：
阿拉比卡
多為鐵筆卡、藍山

處理法：
水洗

全球產量排名：
全球第44大咖啡生產國

中部及西部

本區位於特里洛尼區（Trelawny）、曼徹斯特區（Manchester）、克拉倫登區（Clarendon）及聖安娜區（Saint Ann）的交界，儘管未冠上藍山的名號，但牙買加其他地區所栽植的品種其實一模一樣，差別在於處在不同的微氣候及低海拔，最高達1000公尺。

圖例
- ⊖ 重要咖啡產區
- ▨ 產地

水洗鐵比卡及卡杜艾
鐵比卡在牙買加是普遍栽種的品種，卡杜艾則是較新的。

東部

藍山海拔高達2256公尺，與波特蘭區（Portland）、托馬斯區（Thomas）接壤。山區氣候涼爽多霧，非常適合咖啡的生長。

多明尼加共和國
DOMINICAN REPUBLIC

多明尼加有數個地處不同微氣候的咖啡產區，所產的咖啡風味從巧克力、辛香而醇厚到帶花香、明亮而細緻，變化多樣。

由於不少多明尼加人飲用當地的咖啡，因此只有少量外銷。再加上低價及颶風災損，導致其品質下降。品種大多為阿拉比卡豆，例如鐵比卡、卡杜拉以及卡杜艾。目前已採取一些措施，期能改善其咖啡品質。

產季
由於氣候不甚穩定、無明顯溼季，因此常年皆有咖啡果可採收。

水洗鐵比卡及卡杜艾
咖啡果熟成速度慢，因此產出扎實的咖啡豆。

加勒比地區

基督山省
銀港省
斯帕尼奧拉島（西班牙島）
巴韋德省
艾斯派亞省
達哈朋省
聖地亞哥
米拉貝姐妹省
瑪麗亞桑其斯省
聖地亞哥省
拉維加
西寶
羅里蓋茲省
聖方濟市
杜華德省
山美納省
艾利斯皮亞省
多　明　尼　加
拉維加省
主教・瑠黎省
桑切斯
拉米斯省
聖胡安省
共　和　國
阿托馬約省
賽堡省
內巴
聖胡安
銀山省
賽堡
恩里基約湖
聖荷西省
聖彼德省
聖母省
獨立省
巴奧魯可省
阿蘇阿省
聖克里斯多堡省
羅馬納省
巴拉奧納省
瓦德西亞省
聖多明哥省
聖多明哥
聖彼德
羅馬納
巴拉奧納
佩拉維亞省
佩德納萊斯省

西寶 (CIBAO)
低地所產的咖啡醇厚、甘甜帶堅果味，海拔達1500公尺處則是清淡帶花果香。

內巴 (NEYBA)
位於巴魯奧可省（Baoruco）的內巴周圍產有一些檸檬味最重、稠度低淡的咖啡，產季在11～2月之間。

水洗
瑪拉象豆
這些巨大的豆子通常帶有草本、雪松及菸草的調性。

巴拉奧納省
（BARAHONA）
巴拉奧納大概是所有生產咖啡的省分中知名度最高的，海拔在600～1300公尺之間，其咖啡醇厚、酸度低，帶有巧克力調性。

圖例
⬛ 重要咖啡產區
▨ 產地

0 km　　50
0 miles　　50

多明尼加咖啡 關鍵報告

全球市佔率： 0.3%	**產季：** 9～5月
主要品種： 阿拉比卡 大多為鐵比卡，部分卡杜拉、卡杜艾、波旁、瑪拉象豆	**處理法：** 水洗，部分日曬

全球產量排名：
全球第26大咖啡生產國

古巴 CUBA

古巴的咖啡毀譽參半、價格高昂，通常醇厚而酸度低，甜度均勻，帶有菸草調性。

咖啡是在18世紀中引進**古巴**，其產量曾經在全球名列前茅，但在經歷政治動盪及經濟限制後，已被南美諸國超越。主要品種為阿拉比卡豆，包括薇拉羅伯及伊斯拉6-14（Isla 6-14）。古巴人的咖啡用量比其產量還大，因此只有少量外銷。島上僅一小部分海拔較高的地方能夠種植精緻等級的咖啡，而富含礦物質的土壤以及適當的氣候條件則是兩大利多。

古巴山脈
陡峭的古巴山脈帶來乾爽的氣候及妥適的日照。

水洗薇拉羅伯
薇拉羅伯的甜度能夠中和當地微氣候所造成的質樸調性。

加勒比地區

哈瓦那省
西部
哈瓦那市
阿特米薩省
馬坦薩斯
馬雅貝克省
比那爾德里奧
比那爾德里奧省
馬里薩斯省
比拉克拉拉省
西恩富戈斯省
聖克拉拉
青年島
青年島特區
西恩富戈斯
謝戈德阿維拉省
聖斯皮里圖斯省
中部
古　巴
卡馬圭
卡馬圭省
奧爾金
拉斯圖納斯省
奧爾金省
瓜卡納亞沃灣
巴亞莫
聖地亞哥省
關塔那摩省
格拉瑪省
聖地亞哥
關塔那摩
馬埃斯特
臘　山
脈
東部
美屬關塔那摩

西部

由洛斯奧加諾斯山（Sierra de Los Organos）及羅薩里奧山（Sierra del Rosario）組成的瓜尼瓜尼科山脈（Guaniguanico）是古巴最西邊的咖啡種植地，同時也是生物圈保護區的一部分，所產的咖啡傾向溫和、扎實，間或帶有辛香味。

中部

艾斯堪布雷（Escambray）及瓜姆阿雅（Guamuaya）山脈位於古巴中部的南岸，綿延長達80公里，此地的咖啡最高種植到海拔約1000公尺處，通常具有柔和的酸度、醇厚的口感以及雪松的調性。

東部

瑪爾斯特拉山（Sierra Maestra）及水晶山（Sierra Cristal）位於古巴東部南岸，海拔高度傲視全國，其中圖爾基諾峰（Turquino Peak）高達1974公尺，為風味較豐富的精緻咖啡提供絕佳的氣候環境。

水洗波旁
古巴當地的傳統習慣將咖啡豆烘焙至相當深色的程度。

古巴咖啡 關鍵報告

全球市佔率：
不到 **0.1%**

處理法：
水洗

產季：
7～2月

主要品種：
阿拉比卡
薇拉羅伯、伊斯拉6-14
部分羅布斯塔

全球產量排名：全球第40大咖啡生產國

圖例
⬛ 重要咖啡產區
▨ 產地

0 km　　　150
0 miles　　　150

海地 HAITI

海地目前的咖啡大多為日曬處理，帶有堅果味及水果調性，水洗咖啡豆則是甘甜而帶柑橘調性，數量正在增加當中。

海地從1725年開始種植咖啡，產量曾經高達全球半數，但受到政治騷動及天然災害的影響，目前僅剩幾個咖啡產區以及為數不多的老練小農，而大量的內需市場更增加其挑戰。然而，高達2000公尺的海拔以及遮蔭濃密的森林，使其咖啡產業仍舊深具潛力。海地種植的品種為阿拉比卡豆，例如鐵比卡、波旁以及卡杜拉。

加勒比地區

阿蒂博尼特省（ARTIBONITE）及中央省（CENTER）

儘管這兩省的咖啡數量不及北部省（Nord），但貝拉德市（Belladere）、薩瓦納泰（Savanette）以及阿蒂博尼特小河鎮（Petite Riviere de l'Artibonite）等地區其實充滿種植咖啡的潛力。

托爾蒂島

和平港

西北省

海地角

北部省

東北省

伊斯帕尼奧拉島（西班牙島）

戈納伊夫

阿蒂博尼特省

安什

海　地

戈納夫島

水洗波旁
淺焙過後的波旁豆味道甘甜，帶有微微的核果調性。

中央省

大鹽湖

太子港

西部省

東南省

雅克梅勒

傑瑞米

大灣省

奧　特　山

尼普斯省

南部省

萊凱　牛島

多明尼加共和國

大灣省（GRAND' ANSE）

大灣省位於海地最西端，全國17萬5千戶咖啡農裡有絕大部分都在此耕種，其中多數所擁有的農地都不大，至多7公頃而已。

水洗薇拉羅伯
海地咖啡通常是以日曬處理，但像薇拉羅伯這類品種，若是經過水洗後將大放異彩。

南部省及東南省

海地南岸——尤其是與多明尼加共和國接壤處——有許多小農場，具備適合種植優質咖啡的生長環境。

海地咖啡 關鍵報告

全球市佔率： **0.2%**	**產季：** 8～3月 **主要品種：** **阿拉比卡** 薇拉羅伯、卡杜拉、波旁、卡帝汶、鐵比卡
處理法： **日曬，部分水洗**	

全球產量排名：全球第30大咖啡生產國

圖例
⬤ 重要咖啡產區
▨ 產地

0 km　　50
0 miles　　50

器具
EQUIPMENT

義式咖啡機 ESPRESSO MACHINE

義式咖啡機仰賴幫浦壓力迫使水分流過咖啡粉，萃取出所需的咖啡液。只要正確使用，便可沖煮出小份而黏稠，濃郁而酸甜適中的咖啡。義式咖啡機的使用技巧可參閱p42～47。

暖機時間

標準的義式咖啡機大約需要20～30分鐘的時間暖機，以達到適合的溫度，因此在沖煮前務必記得。

所需材料

- 極細研磨的咖啡粉（p39）

填壓器

使用填壓器填壓咖啡粉，排出內部的空氣，使其成為緊實的粉層，並且足以承受水壓，使其盡可能萃取出一致的咖啡液。橡膠填壓墊則可保護桌面，避免遭圓盤壓損。

濾杯

咖啡粉被填裝在一個可移動的濾杯，再以壓扣固定。濾杯有大有小，可根據個人所欲沖煮之咖啡多少自由選擇。濾杯底部細孔的數目、形狀及尺寸都會影響沖煮的結果。

沖煮把手

沖煮把手是夾裝濾杯的手把，帶有單一或雙導流嘴。

壓力計

許多家用義式咖啡機標榜的高大氣壓力其實不甚實用。專業義式咖啡機的沖煮壓力通常設定為9大氣壓，蒸氣壓力則為1～1.5大氣壓。有些機器具備預浸的功能，在沖煮初期以低壓力讓咖啡粉輕輕吸水溼潤。

水溫

將水溫控制在90～95℃間，最能萃取出咖啡的絕佳風味。有些咖啡以熱水沖泡的口感較佳，有些則適合較涼的水。

沖煮頭

沖煮頭是將沖煮把手鎖上的地方，並透過金屬濾網將熱水排進咖啡粉層，浸溼後再均勻萃取。

鍋爐

義式咖啡機的內部通常含有一或二具鍋爐，提供沖煮所需的水並將其加熱，製造蒸煮牛奶所需的蒸氣，並有額外的熱水出水口供他用。

蒸氣噴嘴

蒸氣噴嘴應該可自由移動，以便調整成適合使用的角度。蒸氣管的噴嘴有多種樣式可供選擇，方便調整蒸氣的力道及方向。務必隨時保持其乾淨，否則牛奶很快就會乾著其內外。

法式壓壺
FRENCH PRESS

　　這個經典的壓濾壺（法語為cafetière）是沖煮好咖啡的絕佳器具，使用方法簡單快速，只要先將水與咖啡粉混合，然後押下壺中的濾網，即可使油脂及細粉與咖啡液分離，賦與咖啡絕佳的口感。

所需材料

❶ 中研磨咖啡粉（p39）

❷ 電子秤，量取正確的咖啡粉及水分比例。

沖煮步驟

❶ 利用熱水將壓濾壺預熱後，將熱水倒掉，再把壓濾壺放在電子秤上秤重。

❷ 將咖啡粉倒入壓濾壺後再秤一次，咖啡粉與水的理想比例是30g：500㎖。

❸ 沖入熱水，確認分量及溫度正確（最好是90～94℃）。

❹ 攪拌咖啡粉一至二次。

❺ 讓咖啡粉靜置悶蒸4分鐘，再次小心攪拌表面。

❻ 將表面的泡沫及懸浮物用湯匙撈起。

❼ 將壺壓蓋闔上，輕輕壓下濾網，直到咖啡渣被集中在底部。若是有困難，原因可能是咖啡粉分量太多、研磨度太細，或是悶蒸的時間不夠久。

❽ 讓咖啡液在壓濾壺中靜置2分鐘再倒出。

清潔方式

❶ 通常可用洗碗機清洗，但還是需先確認型號。

❷ 拆解清洗可避免咖啡粉及油脂殘留而導致苦或酸味。

活塞柱
透過活塞柱將濾網下壓，藉此將咖啡渣留在壺底，與咖啡液分離。

悶蒸時間
悶蒸4分鐘。濾網下壓後，讓壓濾壺額外靜置2分鐘，待雜質沉澱後再倒出。

濾網
倒出咖啡液後，將濾網的部分拆解清洗（見左側「清潔」）。

攪拌兩次
悶蒸前攪拌使咖啡粉充分浸溼，悶蒸後攪拌則可促進沉澱。

濾紙手沖壺
FILTER POUR-OVER

透過濾紙沖煮能夠輕易地將咖啡直接滴入馬克杯或其他容器，而殘留的咖啡渣則可隨濾紙一併丟棄，是個乾淨又輕鬆的沖煮法。

濾紙
濾紙將細粉及油脂留住。由於濾紙可能會影響沖煮的風味，因此使用飄白過的濾紙並充分用水溼潤，即可去除紙味。

所需材料

❶ 中研磨咖啡粉（p39）

❷ 電子秤，量取正確的咖啡粉及水分比例。

濾杯
濾杯放置在耐熱壺或杯具上。

沖煮步驟

❶ 用溫水使濾紙充分溼潤，同時讓濾架、耐熱壺或馬克杯溫熱，再將水倒掉。

❷ 將耐熱壺或馬克杯置於電子秤上，擺放濾紙後一起秤重。

❸ 將咖啡粉倒入濾紙後再秤一次，咖啡粉與水的理想比例是60g：1,000㎖。

❹ 注入少量熱水（最適宜的溫度是90~94℃），並靜置悶蒸30秒，待膨脹鼓起的咖啡粉消去。

❺ 緩慢持續或反覆注入熱水，直到注入正確的水量。待水分完全濾過後，即可倒出咖啡飲用。

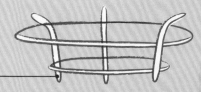

濾架
濾架用來支撐放有濾紙的濾杯。

注水
在注水時，使咖啡粉保持浸泡在水面下，或是一邊往中間注水，一邊使其沿著濾紙邊緣膨脹。兩種方式可依個人喜好自由選擇。

清潔方式

❶ 大部分的濾杯都是可機洗的。

❷ 使用軟質海綿及少許淡肥皂水將油脂及雜質清洗乾淨。

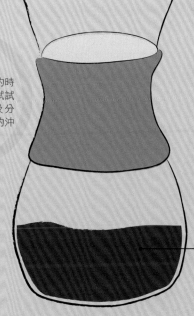

悶蒸時間
熱水約需3~4分鐘的時間才可完全過濾。試試不同程度的研磨及分量，找出自己喜歡的沖煮時間及風味。

耐熱壺
悶蒸滴入耐熱壺，或是直接滴入杯中。

濾布沖煮壺 CLOTH BREWER

濾布沖煮法是一種過濾咖啡粉的傳統方式，又稱為「絲襪」或「法蘭絨」沖煮法，愛好者認為此法更勝濾紙，因過程不會透出紙味。由於通過濾布的油脂較多，故沖煮出的咖啡在口感方面有較豐富的表現。

所需材料

❶ 中粗研磨咖啡粉（p39）

❷ 電子秤，量取正確的咖啡粉及水分比例。

沖煮步驟

❶ 在首次使用前，先用熱水徹底沖洗濾布並預熱。若是濾布經冷凍保存（見下方），則此步驟可同時使其解凍。

❷ 將濾布放在耐熱壺上，注入熱水預熱，再將水倒掉。

❸ 將耐熱壺置於電子秤上秤重。

❹ 倒入咖啡粉，咖啡粉與水的理想比例是15g：250㎖。

❺ 注入些許溫度約90～94℃的熱水使咖啡粉溼潤，靜置悶蒸膨脹30～45秒，待中央鼓起處消退。

❻ 緩緩持續或反覆注入熱水，當所有熱水皆濾過後，即可將咖啡倒出。

清潔方式

❶ **重複使用** 將咖啡渣丟棄，並以熱水沖洗濾布，勿用肥皂。

❷ **保持溼潤** 可以浸溼後冷凍或以盒裝密封冷藏。

注水

在咖啡粉上注水時，小心別讓水溢出濾布，而應緩緩注入，使其保持在四分之三滿以下。

濾布

過濾功能

當熱水注入咖啡粉時，咖啡粉粒會殘留在濾布上。

悶蒸時間

熱水約需3～4分鐘的時間才可完全過濾。試試不同程度的研磨及分量，找出自己喜歡的沖煮時間及風味。

耐熱壺

愛樂壓 AEROPRESS

　　愛樂壓是一種快速簡潔的沖煮器具，能夠沖煮出醇厚的濾滴咖啡，或是濃烈（可加熱水稀釋）的濃縮咖啡。自由搭配不同研磨度、不同分量的咖啡粉以及施加不同的壓力，即可變出新花樣，提供非常有彈性的選擇。

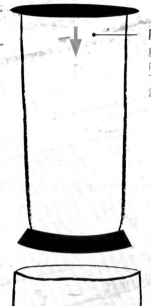

壓筒

壓筒置於沖煮座內，用來將咖啡下壓，使其通過濾紙。

所需材料

❶ **中粗研磨咖啡粉**（p39）

❷ **電子秤**，量取正確的咖啡粉及水分比例。

沖煮步驟

❶ 將壓筒放進沖煮座約2公分。

❷ 將愛樂壓倒過來——壓筒在下、沖煮座在上——置於電子秤上秤重。確認密封塞拴緊固定，而愛樂壓不會歪斜傾倒。

❸ 將12g的咖啡粉倒入沖煮座後，再秤一次重量。

❹ 注入200㎖的熱水，小心攪拌，避免將愛樂壓撞倒，接著靜置30～60秒後再攪拌一次。

❺ 將濾紙安裝於濾蓋上，以熱水徹底沖洗，再栓上沖煮座。

❻ 快速而輕巧地將愛樂壓反轉，使濾蓋在下，置於堅固的杯子或其他飲用器皿之上。

❼ 將壓筒輕輕按下，使咖啡液滴入杯中，即可飲用。

清潔方式

❶ **拆解** 旋開濾蓋並將壓筒按到底，即可清出殘留的咖啡渣。

❷ **清洗** 使用肥皂水沖洗乾淨，或使用洗碗機清洗。

另類沖煮法

不同於在步驟6才將愛樂壓翻轉置於杯上的作法，而是直接將已經裝上濾蓋的愛樂壓空筒置於杯上，再倒進咖啡粉及熱水。咖啡粉及熱水一注入後，須立刻將壓筒放進沖煮座，避免咖啡液滴入杯中。

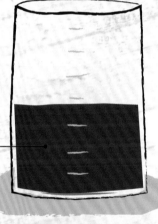

沖煮座

壓筒將沖煮座內的咖啡粉及熱水擠壓通過濾紙。

濾蓋

將濾紙放在濾蓋上，再拴上沖煮座固定。

虹吸式咖啡壺 SYPHON

虹吸式咖啡壺（賽風）提供相當有趣的視覺感官經驗，在日本尤其受歡迎。利用虹吸式咖啡壺沖煮雖然費時，但這過程正是其引人入勝的一部分。

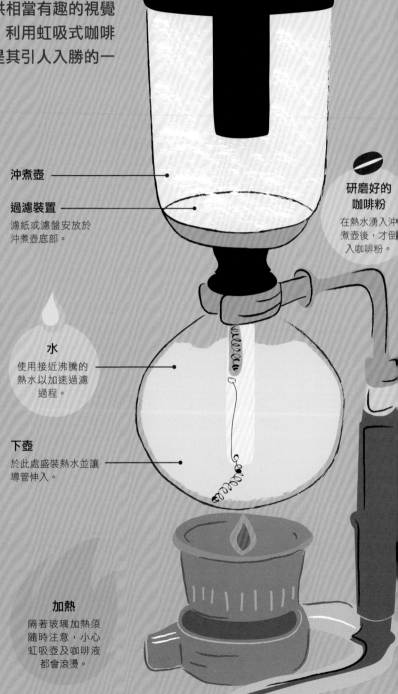

所需材料

❶ 中粗研磨咖啡粉（p39）

沖煮步驟

❶ 將接近沸騰的熱水倒進虹吸壺下壺，水量為欲沖煮的咖啡杯數。

❷ 安裝濾布於上壺（從上方放入，將通過導管的珠串掛鉤下拉，直到扣住管口），珠串掛鉤須碰到虹吸壺下壺的玻璃璧。

❸ 將導管輕輕放進下壺水中，上壺則微微傾斜座落，不需封起。

❹ 點燃爐火，當水開始沸騰時，便將上壺與下壺固定，不需栓緊，只要確保密封即可。有些水會留在下壺，大部分則會往上壺湧入。

❺ 當上壺水滿後，再加入咖啡粉（咖啡粉與水的比例約為15g：200㎖），並攪拌數秒。

❻ 沖煮1分鐘。

❼ 再次攪拌咖啡，然後移開火源，使咖啡回流。

❽ 待咖啡完全回流至下壺後，輕輕移開上壺，即可飲用。

清潔方式

❶ 濾紙 直接丟棄後，再以肥皂水沖洗濾盤。

❷ 濾布 使用p130的技巧。

沖煮壺

過濾裝置
濾紙或濾盤安放於沖煮壺底部。

研磨好的咖啡粉
在熱水湧入沖煮壺後，才倒入咖啡粉。

水
使用接近沸騰的熱水以加速過濾過程。

下壺
於此處盛裝熱水並讓導管伸入。

加熱
隔著玻璃加熱須隨時注意，小心虹吸壺及咖啡液都會滾燙。

摩卡壺 MOKA POT

摩卡壺利用蒸氣壓力沖煮出濃郁的咖啡，造就其絲滑的口感。與一般人觀念相反的是，摩卡壺並非設計來沖煮濃縮咖啡，而是利用高壓賦予咖啡強烈的風味。

所需材料

❶ 中粗研磨咖啡粉（p39）

沖煮步驟

❶ 於下壺中注入熱水至洩壓閥下緣。

❷ 將咖啡粉倒至濾杯中（咖啡粉與水的比例大約是25g：500㎖），將表面抹平。

❸ 將濾杯裝在下壺，將上壺旋緊在下壺上。

❹ 將摩卡壺放在中火上，並加上蓋掀開。

❺ 觀察沖煮過程，從水滾到咖啡流出。

❻ 當咖啡開始變白或冒泡時，將摩卡壺移開火源。

❼ 待停止冒泡後，即可飲用。

清潔方式

❶ **等待冷卻** 將摩卡壺靜置30分鐘後才拆解，或是利用冷水沖洗使之冷卻。

❷ **以海綿用熱水擦洗** 勿用肥皂水清洗零件，使用非腐蝕性的海綿或刷子及熱水即可。

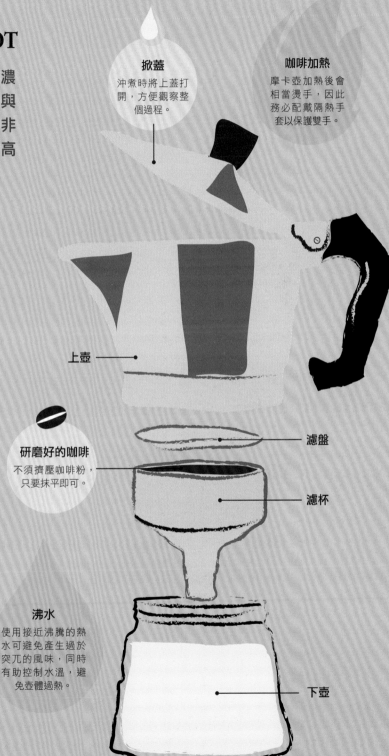

掀蓋
沖煮時將上蓋打開，方便觀察整個過程。

咖啡加熱
摩卡壺加熱後會相當燙手，因此務必配戴隔熱手套以保護雙手。

上壺

研磨好的咖啡
不須擠壓咖啡粉，只要抹平即可。

濾盤

濾杯

沸水
使用接近沸騰的熱水可避免產生過於突兀的風味，同時有助控制水溫，避免壺體過熱。

下壺

冰滴壺 COLD DRIPPER

用冷水也能沖煮出酸度低、冷熱飲皆宜的咖啡。不過要透過冷水萃取並不簡單，需要相當的時間以及一座冰滴裝置。若是缺少器材，則可將咖啡粉及水注入法式壓壺，冷藏過夜後再加以壓濾。

冷水

在沖煮過程中，冷水會慢慢滴出。

上壺

所需材料

❶ 中粗研磨咖啡粉（p39）

沖煮步驟

❶ 將上壺的出水閥關上，並倒入冷水。

❷ 將中壺濾器徹底沖洗，倒入咖啡粉，咖啡粉與水的比例為60g：500㎖。

❸ 輕輕搖晃使其均勻分布，再將另一個沖洗過的濾網覆蓋在上面。

❹ 打開出水閥，注入少量的水使咖啡粉溼潤並開始萃取。

❺ 調整出水閥至兩秒一滴，或是每分鐘30～40滴。

❻ 當所有水皆滴出後，即可享受一杯純的冰咖啡，或是以冷、熱水沖淡，甚至加冰塊飲用。

沖煮時間

用冰滴法濾出500㎖的咖啡大約需花5～6小時。

中壺

濾器

清潔方式

❶ **手洗** 依照製造商指示清洗。若是不確定，那就用熱水及軟布輕輕清洗，勿用肥皂水。以水沖洗濾布後，再冷藏或冷凍保存，留待下次使用。

沖煮特濃咖啡

另一個沖煮冰滴咖啡的方式是使用冰塊加上濾紙手沖壺、濾布沖煮壺或愛樂壓。準備60g的咖啡粉及500㎖的熱水，將耐熱壺裝滿冰塊，沖煮時，冰塊會使咖啡冷凝並稀釋，達到正確的溫度及濃度。注意此法會萃取出原先使用冰滴壺所沒有的酸類及化合物。

美式咖啡機 ELECTRIC FILTER-BREW

　　這個不起眼的咖啡機或許看似並非有趣的沖煮法，但若使用優質的咖啡豆以及新鮮的水，仍可做出絕佳的咖啡來。由於咖啡渣很方便清除堆置，因此清洗起來相當容易。

沖煮時間

沖煮時間約需4～5分鐘。若是沖煮的咖啡過多，則將多餘的部分倒進預熱的保溫瓶保存。

所需材料

❶ 中研磨咖啡粉（p39）

❷ 預熱的保溫瓶，保存喝剩的咖啡。

沖煮步驟

❶ 將新鮮的冷水倒入咖啡機的給水槽。

❷ 徹底沖洗濾紙後，再將其置於濾杯中。

❸ 倒入咖啡粉（咖啡粉與水的比例大約是60g：1,000ml），輕輕搖晃濾杯使其均勻分布。

❹ 將濾杯裝回咖啡機，並開始沖煮程序。待機器沖煮完畢後，即可飲用。

清潔方式

❶ **使用過濾水** 減少水垢增生，有助保持加熱組件及輸水管線潔淨。

❷ **除水垢** 使用除水垢劑也是一個預防水垢增生的好方法。

濾杯

耐熱壺

新鮮的水

使用過濾或瓶裝水能夠避免產生水垢，並增添新鮮的風味。

滴滴壺 PHIN

越式滴滴壺利用依靠重力下壓的篩子壓縮咖啡，操作簡易。而中式滴滴壺的篩子則是拴上的，在萃取方面有更多控制的空間。各式滴滴壺的使用都相當人性化，可根據個人喜好自由調配研磨度及分量。

所需材料

❶ 細中研磨咖啡粉（p39）

沖煮步驟

❶ 將滴滴壺壺身及壺托置於馬克杯上，然後注入熱水溫壺、溫杯，再將馬克杯裡的水倒掉。

❷ 將咖啡粉倒入壺底（咖啡粉與水的比例約7g：100㎖），輕輕搖晃使其均勻。

❸ 放入篩子，稍微轉動以抹平咖啡粉。

❹ 朝篩子注入三分之一的熱水，等待1分鐘讓咖啡粉膨脹。

❺ 將剩下的熱水注入篩子，闔上壺蓋保溫，讓水慢慢滴下沖煮咖啡。待4～5分鐘後，即可飲用。

清潔方式

❶ **可機洗** 大部分的滴滴壺都可以洗碗機清洗，但仍需閱讀說明書確認。

❷ **易清潔** 亦可以熱水及肥皂清洗殘留在金屬壺身及篩子上的咖啡脂。

沖煮時間

熱水應該在4～5分鐘左右滴完，若所花時間過長或過短，則可再做調整，找出適當的研磨度或分量。

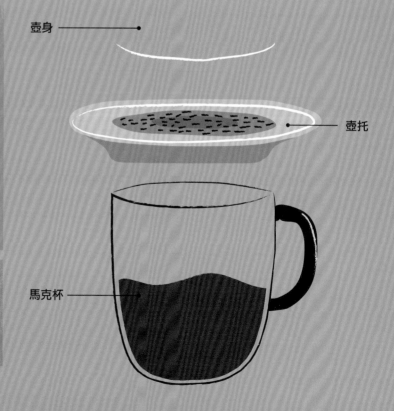

壺蓋

壺蓋在沖煮時可保溫，沖煮後也可充當盛盤避免咖啡亂滴。

篩子

壺身

壺托

馬克杯

土耳其咖啡壺 IBRIK

　　土耳其咖啡壺（土耳其語cezve，希臘語briki，東地中海地區阿拉伯語rakwa，波斯語finjan，埃及阿拉伯語kanaka）為銅製，內壁鍍錫，帶長柄，在東歐及中東很受歡迎，能夠沖煮出獨特、厚重的口感。極細研磨的咖啡粉搭配加熱火量及咖啡粉與水的比例，賦予咖啡完整的風味。

所需材料

❶ 極細研磨咖啡粉（p39）

沖煮步驟

❶ 將冷水倒入壺中，以中火煮至沸騰。

❷ 將咖啡壺移開火爐。

❸ 將咖啡粉倒入壺中，分量為1茶匙／1杯，並可隨喜好加入其他調味料。

❹ 攪拌使咖啡粉溶解並與其他調味料混和。

❺ 重新將咖啡壺放回火爐上加熱，並一邊輕輕攪拌，直到開始冒泡，但勿使其沸騰。

❻ 將咖啡壺移開火爐，冷卻1分鐘。

❼ 再次將咖啡壺放回火爐上加熱，並一邊輕輕攪拌，直到開始冒泡，同樣勿使其沸騰。

❽ 舀起些許泡沫至杯中，再小心倒入咖啡。

❾ 靜置幾分鐘後，即可飲用。注意當飲用至杯底的咖啡渣時，即可停止。

清潔方式

❶ **用海綿清洗** 使用防磨損的海綿或軟刷以及些許熱肥皂水，以干洗的方式清潔咖啡壺。

❷ **保養** 內壁鍍錫的顏色可能日久變深，屬正常現象，毋須特別處理。

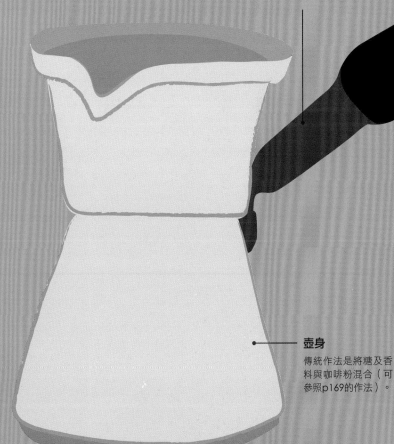

反覆加熱
隨個人喜好可以選擇只加熱一次，但透過反覆加熱，可沖煮出獨特的厚重口感。

把手
濾架用來支撐放有濾紙的濾杯。

壺身
傳統作法是將糖及香料與咖啡粉混合（可參照p169的作法）。

杯具 SERVING VESSELS

盛裝咖啡的杯具材質、造型、尺寸以及設計都會影響飲用經驗。有些人認為特定的咖啡應該搭配特定的咖啡杯、玻璃杯或馬克杯來品嚐，但其實通常還是依照個人喜好自由選擇較多。

有些杯子的設計理念是要提升飲品的呈現，例如濃縮咖啡杯，有些則是抱持比較實用的心態。舉例來說，第一個美國馬克杯具有厚實的杯壁以達到常時保溫，粗糙的底部使其難以在桌上滑動，而且非常堅固，在二戰期間相當適合軍用。

撇開各種設計不談，偶爾試試不同杯具來提升咖啡的外觀賣相及飲用經驗，也是挺有趣的。

平底無腳小瓷杯

無把手的杯子頗受現代人歡迎。有些人喜歡較厚的邊緣，能夠在飲用濃縮咖啡時帶來舒適感。許多小分量的咖啡飲品也相當適合以此盛裝。

濃縮咖啡玻璃杯

透過玻璃杯，義式濃縮咖啡深沉的液體及金黃棕色的咖啡脂所顯現出來的視覺表現可說是令人賞心悅目，保溫效果也不錯，不過得小心燙著手了。

小咖啡杯

光滑圓潤的內壁讓咖啡脂輕緩地附著其上，保持原有的口感、熱度及外觀。

大咖啡杯

偶爾想來份大杯的咖啡又何妨？只要挑選陶製，隔熱、保溫效果佳的杯子即可。

陶杯

許多人喜歡陶杯留在嘴
唇上的觸感，而其保溫
效果也相當不錯。

大馬克杯

這個老派但實用的
馬克杯拿在手裡具
有令人安心的分
量，而粗的杯緣比
細的杯緣更能帶給
雙唇柔順的感覺。

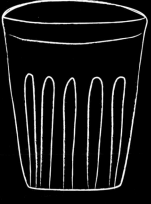

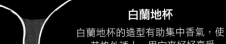

白蘭地杯

白蘭地杯的造型有助集中香氣，使
其格外誘人。用它來好好享受一
杯經由虹吸壺沖泡出來的肯
亞咖啡果香味吧！

中玻璃杯

拿來喝冰咖啡再適合不過了！或是喝
小份的拿鐵咖啡也很棒，不過要小心
玻璃可是會很燙的。

飛碟杯

用磨砂玻璃製的飛碟杯品嚐冰咖啡，增
添幾分雞尾酒的優雅氣質。在杯緣裝飾
一番更可增添其賣相呢！

小碗

世界各地有許多國家在社交
聚會的場合中有用小碗喝咖
啡的傳統習慣。

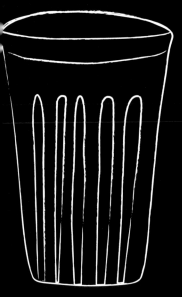

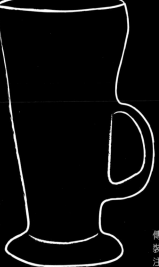

大碗

傳統上會使用大碗來
裝咖啡歐蕾，不過要
注意廣闊的咖啡表面積
代表散熱的速度也快，因
此盡量挑選壁厚的陶碗，以
便盡可能達到保溫效果。

大玻璃杯

大熱天想來杯冷飲時，大玻璃杯正可
容納所需要的冰塊來保持清涼。

拿鐵玻璃杯

相當於拿鐵咖啡的同義字，
這個高杯能夠展示任何大份
咖啡的精采分層。

弄咖啡
THE RECIPES

卡布奇諾 CAPPUCCINO

 煮法 咖啡機　　乳品 鮮奶　　溫度 熱　　分量 2杯

　　大部分義大利人會在早上喝一杯卡布奇諾，不過這款經典的早餐咖啡目前已經成為全球人隨時皆可享用的飲品。對許多擁戴者來說，卡布奇諾代表的是咖啡和牛奶的最佳組合，其比例再和諧不過了。

所需材料

器具
中咖啡杯2只
義式濃縮咖啡機
牛奶鋼杯

原料
細研磨咖啡粉16～20g
牛奶大約130～150㎖
巧克力或肉桂粉，選用

1 將杯子放在咖啡機上或是用熱水沖洗溫杯。使用p44～45的技巧，沖煮兩杯各25㎖的義式濃縮咖啡。

2 蒸煮牛奶至大約60～65℃，避免過熱。當鋼杯底部燙到無法觸摸時，表示牛奶已達到最適合飲用的溫度（p48～51）。

TIP
本作法是一次沖煮兩杯，若只要一杯也很簡單，使用單人份濾杯及／或單導流嘴即可。如果真的不行，那就邀請朋友一起分享美味吧！

卡布奇諾原先只是義大利人的早餐飲料，
現在已經更上層樓，成為風靡全球的時尚飲品。

3 將牛奶分別倒入杯中，使其泡沫高約1㎝，並保持些許咖啡脂於杯緣，讓第一口能嚐到濃烈的咖啡風味。

4 隨個人喜好用灑粉罐或小型網篩灑一些巧克力或肉桂粉。

拿鐵咖啡 CAFFÉ LATTE

 煮法 **咖啡機**　　乳品 **鮮奶**　　溫度 **熱**　　分量 **1杯**

　　拿鐵咖啡是義大利另一項經典的早餐飲料，跟其他以濃縮咖啡為基底的作法比起來，拿鐵咖啡的口感較溫和、奶味較厚重，也是風行全球、全天皆可飲用的咖啡。

牛奶 ——————

義式濃縮咖啡 ——————

中玻璃杯

1 將杯子放在咖啡機上或是用熱水沖洗溫杯。使用P44～45的技巧，沖煮**單份25㎖的義式濃縮咖啡**。若是玻璃杯過大無法放在導流嘴下，可先用較小的容器盛裝。

2 蒸煮**210㎖左右的牛奶**（p48～51）至大約60～65℃，或是鋼杯底部燙到無法觸摸為止。

3 若是先用較小的容器盛裝濃縮咖啡，則將其倒進玻璃杯後，再倒入牛奶，以鋼杯就玻璃杯、左右來回輕晃的方式進行，目標是倒出一層5㎜厚的泡沫。有興趣的話，可以試試p54的鬱金香拉花。

上桌囉！ 立即飲用，並搭配湯匙攪拌。若是想要有一層香綿的奶泡在上面，那就改用其他容器盛裝濃縮咖啡，先將牛奶倒進玻璃杯後，再倒入濃縮咖啡。

挑選可可或堅果調性馥郁的咖啡豆，
藉此中和蒸奶的甜味。

RECOMMENDED COFFEE BEANS

鮮奶濃縮咖啡 FLAT WHITE

煮法 **咖啡機**　　乳品 **鮮奶**　　溫度 **熱**　　分量 **1杯**

　　鮮奶濃縮咖啡源自紐澳，各地實際的做法則略有不同。鮮奶濃縮咖啡和卡布奇諾很類似，但咖啡風味更濃、泡沫較少，通常會搭配較精緻的拉花裝飾。

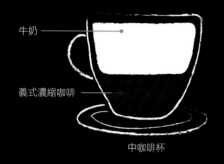

牛奶

義式濃縮咖啡

中咖啡杯

1　將杯子放在咖啡機上或是用熱水沖洗溫杯。使用p44～45的技巧，沖煮**單杯雙份／50㎖**的義式濃縮咖啡。

2　蒸煮**130㎖左右的牛奶**（p48～51）至大約60～65℃，或是鋼杯底部燙到無法觸摸為止。

3　倒入牛奶，採用p52～55的技巧，以鋼杯就玻璃杯、左右來回輕晃的方式進行，目標是倒出一層5mm厚的泡沫。

上桌囉！　立即飲用，否則咖啡擺得越久，牛奶就越來越黯淡了。

試試帶果香味或日曬處理的咖啡豆，和牛奶混和後，會散發出一股令人想起草莓奶昔的風味。

RECOMMENDED · COFFEE BEANS

布雷衛 BREVE

 煮法 **咖啡機**　🍼 乳品 **鮮奶**　🌡 溫度 **熱**　📄 分量 **2杯**

布雷衛是美版的經典拿鐵咖啡，與典型的濃縮咖啡基底飲品不同的是，有一半的牛奶改用單倍奶油（理想的乳脂肪含量是15％），沖煮出來的咖啡帶有鮮奶油的香甜滑順，可以當作甜點試試看。

所需材料

器具
中玻璃杯或咖啡杯2只
義式濃縮咖啡機
牛奶鋼杯

原料
細研磨咖啡粉16〜20g
牛奶60㎖
單倍奶油60㎖

1 將杯子放在咖啡機上或是用熱水沖洗溫杯。
使用p44〜45的技巧，沖煮兩杯各25㎖的義式濃縮咖啡。

TIP
鮮奶油的蒸煮相當特別。一起蒸煮牛奶與鮮奶油時，發出的聲音比蒸煮純牛奶來得響亮，而打出的泡沫則比較少。

「布雷衛」一詞來自義大利文的「短暫」。
而單倍奶油則有助奶泡稠密的生成。

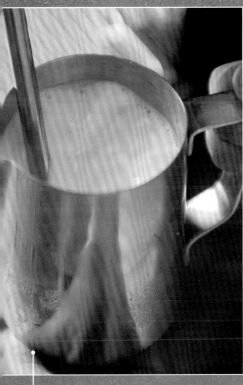

2 將牛奶及鮮奶油混和後，
蒸煮至大約60～65℃，或
是鋼杯底部燙到無法觸摸為止
（p48～51）。

3 將鮮奶油及蒸奶倒入濃縮咖啡，讓
咖啡脂及濃厚的泡沫融為一體。

瑪奇朵 MACCHIATO

| | 煮法 **咖啡機** | | 乳品 **鮮奶** | | 溫度 **熱** | | 分量 **2杯** |

　　瑪奇朵是另一項義大利的經典咖啡，原意為「標記」，因其利用奶泡「標記」濃縮咖啡以增加甜味的傳統而得名，又稱為咖啡瑪奇朵或濃縮咖啡瑪奇朵。

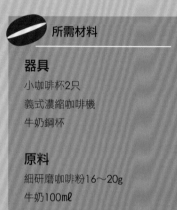

所需材料

器具
小咖啡杯2只
義式濃縮咖啡機
牛奶鋼杯

原料
細研磨咖啡粉16～20g
牛奶100㎖

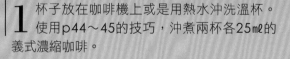

1 杯子放在咖啡機上或是用熱水沖洗溫杯。
使用p44～45的技巧，沖煮兩杯各25㎖的
義式濃縮咖啡。

只要用一丁點奶泡加入些許甜味，
就是一杯道地的義大利瑪奇朵了。

TIP

傳統的義大利瑪奇朵
只有濃縮咖啡加奶
泡，但一同加入打奶
泡過程所用的蒸奶之
作法亦時有所聞。

2 將牛奶蒸煮（p48～51）至大
約60～65℃，或是鋼杯底部
燙到無法觸摸為止。

3 小心舀起1～2茶匙的奶泡分別至兩杯
濃縮咖啡的咖啡脂上，即可飲用。

摩卡咖啡 CAFFÉ MOCHA

 煮法 **咖啡機**　　乳品 **鮮奶**　　溫度 **熱**　　分量 **2杯**

咖啡和黑巧克力的搭配可説是經典風味。在咖啡拿鐵或卡布奇諾中加入巧克力塊、巧克力薄片、自製或現成的巧克力醬，讓其搖身變成風味豐富、點心似的微甜飲品。

所需材料

器具
大玻璃杯2只
牛奶鋼杯
義式濃縮咖啡機
小咖啡壺

原料
巧克力醬4湯匙（p162～163）
牛奶400ml
細研磨咖啡粉32～40g

2 將牛奶蒸煮（p48～51）至大約60～65℃，或是鋼杯底部燙到無法觸摸為止。打入足夠的空氣使奶泡層厚達1cm。

1 量取適量的巧克力醬並倒進玻璃杯。

TIP
若是手邊沒有巧克力醬，可用幾塊深巧克力或幾湯匙的綜合熱巧克力粉代替，並且先在其上滴幾滴牛奶，以利與咖啡混合而不會結塊。

3 將蒸奶小心倒進玻璃杯中，與杯底的巧克力醬形成強烈的分層效果。

最多人加的是黑巧克力，若想品嚐更
甜的風味，可試試牛奶巧克力或兩者
的混合。

4 使用p44～45的
技巧，沖煮雙
份／50㎖的義式濃縮
咖啡進小咖啡壺，再
注入牛奶中。

TIP
若想品嚐更一致的巧
克力風味，可先用牛
奶鋼杯將牛奶與巧克
力醬混合一起蒸煮。
另外，在下次使用前
務必徹底清洗蒸氣噴
管的內外側。

5 待義式濃縮咖啡與蒸奶混合後，即可飲
用。佐以長匙輕輕攪拌，可確保其他成
分溶解與咖啡混合。

咖啡歐蕾 CAFÉ AU LAIT

 煮法 **咖啡壺**　乳品 **鮮奶**　溫度 **熱**　分量 **1杯**

　　咖啡歐蕾是經典的法國早餐牛奶咖啡，傳統上是以無把手的大碗盛裝，以方便拿法式長棍麵包（**baguette**）直接沾來吃，而在寒冷的早晨將碗捧起來喝時，雙手更可藉此取暖。

所需材料

器具
滴濾咖啡壺
深平底鍋
大碗

原料
濃郁的滴濾咖啡180㎖
牛奶180㎖

1 以手沖滴濾的方式（p128～137）備妥咖啡。

挑選咖啡
若想嘗試正宗的風味，請挑選深焙的豆子。法國人有個烘豆的傳統，會將豆子烘到稍微出油、苦中帶甜。這種豆子與大量全脂牛奶的搭配最為適合。

TIP
法式壓壺（p128）貌似沖煮咖啡歐蕾的最佳器具，但其實有許多法國人在家都是使用摩卡壺（p133），沖煮出的咖啡更為濃郁。

在爐上溫煮過的香甜牛奶與濃郁深焙的
滴濾咖啡有互補作用。

TIP
若想拿個東西沾沾咖
啡歐蕾吃，但又不喜
歡法式長棍的話，何
不試試酥脆的可頌或
巧克力麵包？

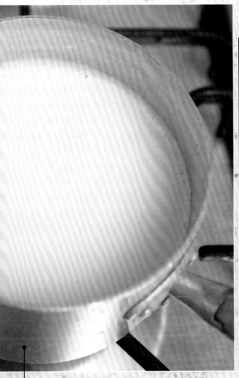

2 將牛奶倒進小的深平底鍋，以中火慢慢加熱約3～4分鐘至60～65℃。

3 將沖煮好的咖啡倒進碗中，再注入熱牛奶，即可飲用。好好享受吧！

濃縮康寶藍 ESPRESSO CON PANNA

| 煮法 咖啡機 | 乳品 鮮奶油 | 溫度 熱 | 分量 1杯 |

　　「康寶藍」（con panna）在義大利文中是「帶有鮮奶油」的意思。香甜的生奶油可用做任何飲品的配料，例如卡布奇諾、咖啡歐蕾或摩卡，不僅讓賣相更佳，且可增添滑順的口感。

所需材料

器具

小咖啡杯或玻璃杯
義式濃縮咖啡機
攪拌器

原料

細研磨咖啡粉16～20g
單倍奶油

1 將咖啡杯或玻璃杯放在咖啡機上或是用熱水沖洗溫杯。使用p44～45的技巧，沖煮單杯雙份／50㎖的義式濃縮咖啡。

添加鮮奶油並非義大利的獨家秘方。在維也納，
卡布奇諾上面也都會蓋著一層鮮奶油。

2 將鮮奶油倒進小碗，再用攪拌器攪拌幾分鐘，直到稠度足以塑形為止。

3 舀1匙鮮奶油到單杯雙份的濃縮咖啡上，佐以湯匙飲用，以便攪拌。

TIP

若是偏好較柔順的口感，
可將鮮奶油攪拌至黏稠而
不僵硬即可，使其漂浮在
咖啡之上，啜飲時濃縮咖
啡將與鮮奶油融為一體，
沖淡其濃度。

瑞斯崔朵及朗戈 RISTRETTO AND LUNGO

 煮法 咖啡機　　乳品 無　　溫度 熱　　分量 2杯

　　與「正規」義式濃縮咖啡相對的是精簡的「瑞斯崔朵」以及加長的「朗戈」，差別在於通過咖啡粉的水量多寡。前者是限制其萃取的量，後者則是延展萃取時間，讓更多物質被溶出。

所需材料

器具
義式咖啡機
小玻璃杯或咖啡杯2只

原料
細研磨咖啡粉，每杯16～20g

瑞斯崔朵

瑞斯崔朵是內行人喝的濃縮咖啡，為咖啡中的精華，能夠留下濃烈、持久的後韻。

2 大約流出15～20㎖的咖啡後，即可停止，以獲得特別濃縮而帶厚重口感及強化風味的咖啡。

1 使用p44～45的技巧，沖煮兩杯各25㎖的義式濃縮咖啡。

TIP
另一個選項是使用稍微更細緻的研磨度或更多量的咖啡粉來限制水流以萃取更多物質，不過這些方法通常會導致不受歡迎的苦味增加。

瑞斯崔朵意指「受限」，而朗戈則是代表「長遠」。
但出乎意料的是，瑞斯崔朵的咖啡因含量較朗戈少。

朗戈

朗戈是濃縮咖啡的溫柔版，透過較多的水量沖煮而成。

1 使用p44～45的技巧，沖煮兩杯各25㎖的義式濃縮咖啡。

2 不在原本每杯達25㎖或萃取25～30秒後停止，而是繼續沖煮，直到滴出約50～90㎖之間的量。以較多的水萃取一般濃縮咖啡的粉量，可沖煮出略為苦澀，但口感較溫和、稠度較稀薄的咖啡。

TIP

使用容量為90㎖的小玻璃杯或咖啡杯來沖煮朗戈，能夠輕易地判斷萃取量，方便及時斷水，避免過量而影響風味。

美式咖啡 AMERICANO

 煮法 **咖啡機**　　乳品 **無**　　溫度 **熱**　　分量 **1杯**

　　二戰期間在歐洲奮戰的美軍發現當地的義式濃縮咖啡太過濃烈，於是加入熱水稀釋，創造出濃度與滴濾咖啡相似而帶有部分義式濃縮咖啡風味的美式咖啡。

所需材料

器具
中咖啡杯
義式濃縮咖啡機

原料
細研磨咖啡粉16～20g

1　將咖啡杯放在咖啡機上或是用熱水沖洗溫杯。使用p44～45的技巧，沖煮單杯雙份／50㎖的義式濃縮咖啡。

TIP

另一種做法是先將熱水注入杯中，預留兩份／50㎖濃縮咖啡的空間，此舉有助於咖啡脂漂浮在表面，使賣相更佳。

美式咖啡保留了濃縮咖啡油脂及萃取物的口感，同時降低其濃度。

TIP

若是不確定如何掌握濃度，可準備一壺熱水在側，一邊品嚐一邊視情況加水，是慢慢享受用義式濃縮咖啡機所沖煮之咖啡的一大妙招。

2 小心將所需的滾水注入雙份義式濃縮咖啡中，沒有固定的標準比例，不過可以從1份咖啡比4份熱水開始，再隨時調整。

3 依個人喜好決定是否以湯匙舀起咖啡脂，有些人喜歡這麼做，藉此得到較澄淨而苦味較低的咖啡。這個動作在注水前後完成皆可，都能達到效果。

糖漿及調味料 SYRUPS AND FLAVOURINGS

對簡約主義者來説，好的咖啡澄淨而風味多樣，不需添加其他原料。然而，對於把咖啡當成甜點來享受的人來説，自製或現成糖漿以及醬料的魅力實在是教人無法抵擋。

純糖漿

這項透明的增甜劑通常是以白糖製成，不過也可用紅糖試試，做出焦糖的口感及顏色。若要增添風味，可加入大約30㎖的水果、草本或堅果萃取物，例如杏仁、香蕉、薄荷或櫻桃。

分量 500㎖

作法

1 用大平底鍋將**500㎖**的水以中火煮沸。

2 倒入**500g**的白糖，攪拌直到溶解為止，然後關火。

3 冷卻後，倒進消毒過的密封瓶罐，放進冰箱冷藏。保存期限大約兩週，可加入**1湯匙伏特加**使期限延長為兩倍。

焦糖醬

想要比糖或純糖漿更多的甜味，焦糖醬會是個絕佳的選項。

分量 200㎖

作法

1 將**200g**的糖以及**60㎖**的水倒入厚底鍋，以中火加熱並不停攪拌。

2 開始冒泡時，停止攪拌，並以文火燉至115℃。關火後，拌入**3湯匙無鹽奶油**以及**半湯匙海鹽**。

3 一邊攪拌，一邊小心加入**120㎖**的重鮮奶油。拌至滑順後，加**1湯匙香草萃取物**混合。

4 冷卻後，倒進消毒過的密封瓶罐，放進冰箱冷藏。保存期限大約二至三週。

調味料

印度茶粉

取研磨成粉的豆蔻、五香、肉桂、丁香、薑、黑胡椒、肉豆蔻、甘草根各1湯匙（或等量）調配而成，儲存於密封的盒中，可用來替咖啡與茶的混合添加風味（p184印度茶咖啡）。

純糖漿

　　草莓風味常見於咖啡豆中，尤其以日曬法處理的豆子更是明顯。摻入一些自製的草莓糖漿可提升此風味，增添自然甘甜的莓果調性。

分量 600㎖

作法

1　將**切碎的草莓500g**置於平底鍋中，並倒入**500㎖的水**。

2　將其煮沸再以文火燉煮25分鐘，將凝聚於表面的泡沫撈起。

3　關火後，過濾出汁液，避免擠壓到草莓。

4　將**225g的糖**加入草莓液中，再次煮至沸騰並一邊攪拌。以文火燉至糖完全融化，並將凝聚於表面的泡沫撈起。

5　冷卻後，倒進消毒過的密封瓶罐，放進冰箱冷藏。保存期限大約兩週。

調味料

薑餅奶油

將2湯匙的微鹹奶油、100g的紅糖以及五香、肉豆蔻、肉桂、丁香各四分之一匙與2湯匙的萊姆精於碗中混合，當作咖啡的佐料（p182）。

巧克力醬

　　不管是沖煮摩卡咖啡還是熱巧克力，自製的巧克力醬都是最佳選擇。些許鹽巴就能中和可可粉的苦味，並讓巧克力風味更加鮮明。

分量 250㎖

作法

1　將**可可粉125g**、**糖150g**以及**一小撮鹽**混進中平底鍋內。

2　倒入**250㎖的水**，以中火煮沸並一邊攪拌，最後以文火燉5分鐘，並持續攪拌。

3　關火後，加入1湯匙的香草調味料。

4　冷卻後，倒進消毒過的密封瓶罐，放進冰箱冷藏。保存期限大約二至三週。

羅馬諾咖啡 ROMANO

煮法 咖啡機　　乳品 無　　溫度 熱　　分量 1杯

　　不須添加太多調味料，也可輕易讓濃縮咖啡做出變化。加入些許檸檬皮，即可替濃縮咖啡增添新鮮的柑橘調性，使其成為經典的濃烈咖啡。

濃縮咖啡

小咖啡杯

1 使用p44～45的技巧，沖煮**單杯雙份50㎖的義式濃縮咖啡**

2 取**1顆檸檬**，用刮皮刀或刨絲器將皮刮下。

3 將檸檬皮輕輕摩擦杯緣，最後掛在杯緣上。

端上桌　以**德麥拉拉蔗糖**調味，並立即飲用。

紅眼咖啡 RED EYE

煮法 咖啡壺及咖啡機　　乳品 無　　溫度 熱　　分量 1杯

　　若是一早感覺尚未清醒，或是需要一點咖啡因的刺激來保持活力度日，那就試試「紅眼咖啡」。多虧其振奮人心的咖啡因含量，因此又暱稱為「晨喚鬧鐘」（the Alarm Clock）。

濃縮咖啡

滴濾咖啡

大咖啡杯

1 以法式壓壺（p128）、愛樂壓（p131）或其他咖啡壺沖煮**12g中研磨咖啡粉**。將200㎖沖煮好的咖啡倒進馬克杯中。

2 使用p44～45的技巧，沖煮**單杯雙份／50㎖的義式濃縮咖啡**至小壺中。

端上桌　將義式濃縮咖啡注入滴濾咖啡中，並立即飲用。

古巴咖啡 CUBANO

煮法 **咖啡機**　乳品 **無**　溫度 **熱**　分量 **1杯**

古巴咖啡（又稱**Cuban shot**、**Cafecito**）是古巴相當流行的小杯甜品。糖在經過義式濃縮咖啡機萃取後，會使咖啡滑順甘甜，可當作數種咖啡雞尾酒的基底。

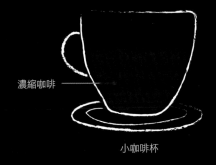

濃縮咖啡

小咖啡杯

1　將**14～18g**咖啡粉與**2茶匙**德麥拉拉蔗糖混和倒進義式濃縮咖啡機的沖煮把手（p44，步驟1～3）。

2　以咖啡機對咖啡粉及糖進行萃取，直到咖啡杯將近半滿為止。

端上桌　立即引用。亦可作為濃縮咖啡雞尾酒的基底（p205～217）。

檫木蜜糖咖啡 SASSY MOLASSES

煮法 **咖啡機**　乳品 **無**　溫度 **熱**　分量 **1杯**

檫木（**sassafras**）是一種原生於北美東部及東亞，會開花結果的樹木，其樹皮提煉物通常被用來替麥根沙士調味。沖煮咖啡時，記得選用不含檫木油精的檫木萃取液。

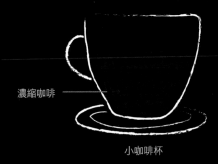

濃縮咖啡

小咖啡杯

1　舀**1茶匙**蜜糖倒進小咖啡杯中。

2　使用p44～45的技巧，沖煮**單杯雙份／50㎖**的義式濃縮咖啡至蜜糖上。

端上桌　添加**5滴**檫木萃取液，佐以湯匙立即飲用。

圖巴咖啡
這款加料咖啡在賽納加爾國內外的其他城市裡
正逐漸流行起來。

圖巴咖啡（塞內加爾咖啡）CAFÉ TOUBA (Senegalese coffee)

煮法 **咖啡壺**　　乳品 **無**　　溫度 **熱**　　分量 **4杯**

　　圖巴咖啡是來自塞內加爾，以聖城圖巴命名的香料咖啡。將生豆佐以胡椒及香料進行烘焙，再用研磨缽搗碎，透過濾布沖煮，嚐起來十分香甜。

濾滴加料咖啡

大馬克杯

1 將**綠咖啡豆60g**、**胡椒粉1茶匙**以及**丁香1茶匙**倒進鍋中，以中火烘焙，並不斷攪拌。

2 達到預設的烘焙度（p66～67）後，將豆子從鍋中取出，並攪拌冷卻。

3 用研磨缽小心將咖啡豆及香料搗碎後，置於杯具上方的濾布中，再注入**沸水500㎖**。

端上桌　可加**糖**，以馬克杯分裝後，即可飲用。

北歐咖啡 SCANDINAVIAN COFFEE

煮法 **咖啡壺**　　乳品 **無**　　溫度 **熱**　　分量 **4杯**

　　沖煮咖啡時加個蛋似乎有些詭異，不過蛋中的蛋白質能結合咖啡的酸、苦成分，沖煮出有如無濾紙手沖咖啡的溫和口感。

咖啡加蛋

大馬克杯

1 將**粗研磨咖啡粉60g**、**蛋1顆**以及**冷水60㎖**攪和成糊狀。

2 將**1公升**的水倒進深平底鍋，煮沸後，再加入咖啡蛋糊，輕輕攪拌。

3 持續沸騰3分鐘後關火，加入**冷水100㎖**，靜待咖啡粉沉澱。

端上桌　將咖啡倒進馬克杯時，以篩子或紗布過濾，即可飲用。

布納（衣索比亞咖啡儀式） BUNA

煮法 **咖啡壺**　　乳品 **無**　　溫度 **熱**　　分量 **10杯**

　　布納是衣索比亞人與親朋好友進行社交儀式中的飲品。一邊以煤炭燃燒陣陣乳香（frankincense），一邊研磨咖啡豆，並以傳統的咖啡壺（jebena）沖煮。咖啡粉一共分三次沖煮，可喝到三杯非常不一樣的咖啡。

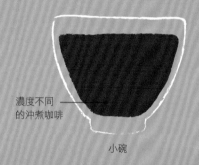

濃度不同
的沖煮咖啡

小碗

1 將**綠咖啡豆100g**倒進平底鍋，以中火烘焙，攪拌直到豆子顏色變深出油後，再以研磨缽磨成細粉。

2 將**1公升**的水倒入咖啡壺或深平底鍋，以中火加熱至沸騰，再倒入咖啡粉並攪拌後，靜置5分鐘。

端上桌　將第一沖的咖啡分裝成10碗，避免倒出咖啡粉，即可飲用。重新加入**1公升**的水到壺中並煮沸後，倒出即成第二沖。最後，再次加入**1公升**的水，重複相同步驟，煮出味道最淡的第三沖。

我是你的越橘莓 I'M YOUR HUCKLEBERRY

煮法 **咖啡壺**　　乳品 **無**　　溫度 **熱**　　分量 **1杯**

　　越橘莓是美國愛達荷州（Idaho）的代表水果，外觀及口感與藍莓相似，愛達荷州也種植大量蘋果，當地許多頂級的咖啡即以蘋果味作為特色，在沖煮咖啡時便將蘋果加入其中。

蘋果香料
越橘莓香料

沖煮咖啡

大馬克杯

1 以濾紙手沖壺（p129）或其他咖啡壺沖煮**250㎖**的咖啡以及**幾片蘋果**，若用手沖，則將蘋果切片置於咖啡粉上，再注入熱水；若使用法式壓壺（p128），則將蘋果泡在熱水壺中，再倒出熱水。

2 將咖啡倒進馬克杯中，再加**越橘莓香料25㎖**及**蘋果香料1湯匙**。

端上桌　可以**螺旋狀萊姆皮**或一些**蘋果切片**裝飾，並以**純糖漿**（p162～163）調味，即可飲用。

陶壺燒咖啡（墨西哥咖啡）　CAFÉ DE OLLA

煮法 **咖啡壺**　　乳品 **無**　　溫度 **熱**　　分量 **1杯**

墨西哥人使用傳統的陶壺（olla）來沖煮咖啡，格外多了幾分泥土氣息。若是沒有陶壺，也可用一般的深平底鍋代替，還是可以帶出豆子的口感及油脂，增添咖啡的稠度。

含糖肉桂咖啡

陶杯

1 將**水500㎖**、**肉桂枝2根**及**墨西哥粗糖（piloncillo）或黑糖50g**倒入深平底鍋中，以中火煮至沸騰，再轉小火煨燉，並持續攪拌直到糖粒完全溶解。

2 將平底鍋移開火爐，闔上鍋蓋，靜置5分鐘後，加入**中研磨咖啡粉30g**，再次靜置5分鐘。將咖啡倒進馬克杯時，以細篩或紗布過濾。

端上桌　佐以桂枝飲用，不僅可提升視覺效果，更可使風味益發突出。

土耳其咖啡　TURKISH COFFEE

煮法 **咖啡壺**　　乳品 **無**　　溫度 **熱**　　分量 **4杯**

土耳其咖啡是以特別的長柄小咖啡壺（p137）沖煮而成，並以小型咖啡杯飲用。沖煮完成後，上方會有一層泡沫，底部則有厚重的沉澱物。

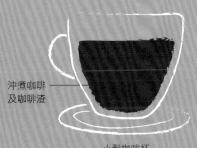

沖煮咖啡
及咖啡渣

小型咖啡杯

1 將**120㎖的水**及**2湯匙的糖**倒進土耳其咖啡壺或深平底鍋中，再以中火煮沸。

2 移開火爐後，加入**4湯匙的極細研磨咖啡粉**。可自行加入**小荳蔻**、**肉桂**或**肉豆蔻**，並攪拌至溶解。

3 如p137所示沖煮咖啡。舀起一些泡沫分別倒進4個杯子，再小心注入咖啡，避免將泡抹沖散。

端上桌　靜置幾分鐘後再行飲用。注意當碰到杯底的咖啡渣時，便停止啜飲。

馬特哈雷咖啡

馬特哈雷咖啡是受到西印度馬哈拉施特拉邦
（Maharashtra）馬拉地人（Marathi）的啟發。

馬特哈雷 Madha Alay

煮法 **咖啡壺**　　乳品 **無**　　溫度 **熱**　　分量 **2杯**

覺得感冒即將上身時，來杯蜂蜜檸檬薑汁最合適不過，再加點威士忌，效果更是顯著。使用摩卡壺（**p133**）來沖煮，兩人份剛剛好。

沖煮咖啡

薰衣草蜜

小玻璃杯

1 使用p133的技巧，將**32g**的粗研磨咖啡粉及**300㎖**的水裝入摩卡壺沖煮。

2 舀**1湯匙**的薰衣草蜜至各個玻璃杯，再將**1公分**的生薑（切碎）以及**半顆檸檬皮**平均放入各杯。

3 將**250㎖**的水煮沸，並注入各杯至半滿，蓋過內容物，再靜置**1**分鐘。

端上桌　各杯分別倒入沖煮好的新鮮咖啡**75㎖**，一邊攪拌幫助薰衣草密溶解，並佐以湯匙飲用。

印尼薑汁咖啡 KOPI JAHE

煮法 **咖啡壺**　　乳品 **無**　　溫度 **熱**　　分量 **6杯**

在印尼，將生薑、糖以及咖啡粉煮沸，便是薑汁咖啡（**Kopi Jahe**即為印尼語的咖啡生薑），沖煮過程中加入肉桂、丁香等香料，可讓風味更加豐富。

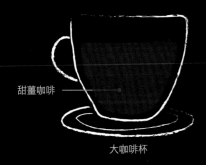

甜薑咖啡

大咖啡杯

1 將**6湯匙**的中研磨咖啡粉、**1.5公升**的水、**7.5公分**的生薑（切碎）、**100g**的棕梠糖放入深平底鍋中（可自行選擇額外加入**2根桂條**及／或**3只丁香**），以中火煮沸，再轉為小火悶燒，攪拌至糖溶解為止。

2 移開火爐，靜置**5分鐘**，使生薑入味。

端上桌　用紗布過濾煮好的咖啡，平均倒進6個杯子中，即可飲用。

香草暖爐 VANILLA WARMER

🍼 煮法 **咖啡壺**　　🥛 乳品 **無**　　🌡 溫度 **熱**　　🥛 分量 **2杯**

　　若要尋覓與咖啡互補的風味，香草的純粹簡潔可説是所向披靡。料理香草的方式有多種選擇，例如整株香草莢（如本作法）、粉末、糖漿、精華液，甚至是香草酒精。

沖煮香草
咖啡

大馬克杯

1 剝開**2株香草莢**，將香草籽加入裝有**500㎖水**的深平底鍋，並以中火加熱。煮至沸騰後，從火爐移開，將香草莢放在一旁，加**30g的粗研磨咖啡粉**至鍋中，闔上鍋蓋，靜置5分鐘。

2 等待的同時，以糕點刷沾**1湯匙的香草香料**刷抹兩只馬克杯內側。

端上桌　用紗布過濾煮好的咖啡，倒進杯子後，再擺上香草莢，即可飲用。

賽風香料 SYPHON SPICE

🍼 煮法 **咖啡壺**　　🥛 乳品 **無**　　🌡 溫度 **熱**　　🥛 分量 **3杯**

　　虹吸式咖啡壺（p132）最適合拿來調和咖啡粉與香料（是否為粉狀皆可）。添加香料時，最好使用濾紙或金屬濾盤，濾布則只在沖煮純咖啡時使用。

沖煮咖啡

中咖啡杯

1 將**2瓣丁香**及**3粒多香果**放進一般3杯／360㎖大的虹吸式咖啡壺下壺，並裝入**300㎖的水**。

2 調配**肉豆蔻粉¼茶匙**及**中研磨咖啡粉15g**，在下壺的水升至上壺後倒入其中。等待1分鐘讓肉豆蔻粉及咖啡粉溶解後，再移開火爐，等咖啡流回下壺。

端上桌　倒進3只咖啡杯後，即可飲用。

加爾各答咖啡 CALCUTTA COFFEE

煮法 咖啡壺　　乳品 無　　溫度 熱　　分量 4杯

　　菊苣——一種草本植物——其根部經過烘焙處理並磨成粉後，在許多地方都被當作咖啡的替代品。加點肉豆蔻乾皮粉及些許番紅花絲，更可增添幾分異國情調。

沖煮香料咖啡

中馬克杯

1 將**1公升**的水倒進深平底鍋並加入**肉豆蔻乾皮粉1茶匙**以及些許**番紅花絲**，再以中火煮至沸騰。

2 從火爐移開，加入**中研磨咖啡粉40g**以及**中研磨菊苣粉20g**，闔上鍋蓋後靜置5分鐘。

端上桌　以濾紙過濾滴進壺中，再倒至馬克杯，即可飲用。

凱薩爾米蘭琪（奧地利咖啡）KAISER MELANGE

煮法 咖啡機　　乳品 鮮奶油　　溫度 熱　　分量 1杯

　　奧地利咖啡搭配的是蛋黃，在北歐也是相當流行的一種組合。蛋黃加上蜂蜜賦予濃縮咖啡相當令人滿足的口感，若是再加上白蘭地，則風味更是豐富。

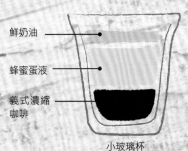

鮮奶油

蜂蜜蛋液

義式濃縮咖啡

小玻璃杯

1 使用p44～45的技巧，沖煮**單份／25㎖**的濃縮咖啡至玻璃杯中，可自行選擇加入**白蘭地25㎖**。

2 在一小碗中打入**蛋黃1顆**以及**蜂蜜1茶匙**，輕輕倒進濃縮咖啡中，使其漂浮在上方。

端上桌　頂端加上**鮮奶油1湯匙**，即可飲用。

椰子蛋咖啡 COCONUT-EGG COFFEE

煮法 **咖啡壺**　　乳品 **無**　　溫度 **熱**　　分量 **1杯**

　　本作法受到越南蛋咖啡的啟發，將煉乳換成椰子奶油，不但使口感層次增加，也讓不食乳製品者得以品嚐。

椰子奶油加蛋

沖煮咖啡

中玻璃杯

1 用越式滴滴壺（p136）或法式壓壺（p128）沖煮**120㎖**的咖啡，再倒進玻璃杯中。

2 攪拌**蛋黃1顆**以及**椰子奶油2茶匙**直到蓬鬆，再輕輕舀起置於咖啡中，使之飄浮於其上。

端上桌　加入**德麥拉拉蔗糖**提高甜味，並佐以湯匙飲用。

甜蜜蜜 HONEY BLOSSOM

煮法 **咖啡機**　　乳品 **鮮奶**　　溫度 **熱**　　分量 **1杯**

　　蜜蜂在萬紫千紅中採蜜，所釀造之蜂蜜亦吸收了各式花蜜的特質。香橙花即為其花蜜來源之一，而蒸餾水則可使本作法的風味更加突出。

義式濃縮咖啡

香橙花牛奶

香橙花蜜

中玻璃杯

1 將**1湯匙**的香橙花水加入**150㎖**的牛奶，蒸煮至大約60～65℃，或是鋼杯底部燙到無法觸摸為止（p48～50），並使奶泡層厚達1㎝。

2 舀**1湯匙**的香橙花蜜至玻璃杯底，再倒入牛奶。

3 使用p44～45的技巧，沖煮**單份／25㎖**的濃縮咖啡至壺中，再倒進玻璃杯，使其穿透奶泡層。

端上桌　佐以湯匙飲用，方便隨時攪拌，幫助蜂蜜溶解。

蛋酒拿鐵 EGGNOG LATTE

煮法 **咖啡機**　　乳品 **鮮奶**　　溫度 **熱**　　分量 **1杯**

　　蛋酒拿鐵濃郁可口，因此成為節慶場合的常客。現成的蛋酒通常不含生蛋，若是選擇自製，則須注意感染或加熱時凝結的問題。

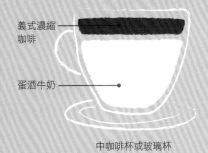

義式濃縮咖啡

蛋酒牛奶

中咖啡杯或玻璃杯

1 將**150㎖的蛋酒**及**75㎖的牛奶**倒進深平底鍋，以中火緩緩加熱並且持續攪拌，避免煮沸。將溫熱的蛋酒牛奶倒進咖啡杯或玻璃杯。

2 使用p44～45的技巧，沖煮**雙份／50㎖的義式濃縮咖啡**至小咖啡壺，再注入蛋酒牛奶中。

端上桌　灑上新鮮現磨的肉豆蔻，即可飲用。

豆漿蛋酒拿鐵 SOYA EGGNOG LATTE

煮法 **咖啡機**　　乳品 **豆漿**　　溫度 **熱**　　分量 **1杯**

　　挑選優質品牌的豆漿和黃豆蛋酒來做無奶版的經典蛋酒拿鐵吧！還可加入成人限定的白蘭地、波本威士忌，或是用巧克力刨花代替肉豆蔻。

豆漿
加蛋酒

義式濃縮
咖啡

大咖啡杯

1 將**100㎖的蛋酒**及**100㎖的豆漿**倒進深平底鍋，以中火緩緩加熱，避免煮沸。

2 使用P44～45的技巧，沖煮一杯**雙份／50㎖的義式濃縮咖啡**。

3 將溫熱的蛋酒豆漿注入杯中的義式濃縮咖啡，然後攪拌。

端上桌　自行選擇加入**些許白蘭地**，灑上**肉豆蔻粉**，即可飲用。

楓糖山核桃 MAPLE PECAN

煮法 **咖啡機**　乳品 **鮮奶**　溫度 **熱**　分量 **1杯**

　　義式濃縮咖啡加上高品質的楓糖漿、山核桃，嚐起來彷彿在「喝」核桃派一樣。搭配蘇格蘭奶油酥餅（shortbread）一起飲用，還可沾點咖啡享用呢！

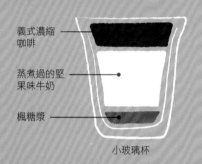

義式濃縮咖啡

蒸煮過的堅果味牛奶

楓糖漿

小玻璃杯

1 用鋼杯蒸煮加入**5滴**山核桃香料的**牛奶120㎖**至約60～65℃，或是鋼杯底部燙到無法觸摸為止（p48～51），並使有堅果甜味的奶泡層厚達1.5cm。

2 將**1湯匙**的楓糖漿倒進玻璃杯底，再注入牛奶於其上。

3 使用p44～45的技巧，沖煮**雙份／50㎖**的義式濃縮咖啡進小咖啡壺，再倒入玻璃杯。

端上桌 放**1顆**山核桃作裝飾，並佐以湯匙引用，以便攪拌楓糖漿。

櫻桃杏仁拿鐵 CHERRY ALMOND LATTE

煮法 **咖啡機**　乳品 **杏仁奶**　溫度 **熱**　分量 **1杯**

　　若想來杯不含牛乳的加味拿鐵咖啡，那就試試蒸煮杏仁奶，對乳糖不耐症者來說是個相當合適的選擇。杏仁奶帶來堅果風味，與甘甜的櫻桃萃取液相輔相成。

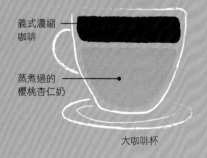

義式濃縮咖啡

蒸煮過的櫻桃杏仁奶

大咖啡杯

1 將**25滴**櫻桃香料加入**150㎖**的杏仁奶，蒸煮至大約60～65℃，或是鋼杯底部燙到無法觸摸（p48～51），再倒入咖啡杯中。

2 使用p44～45的技巧，沖煮**雙份／50㎖**的義式濃縮咖啡進小咖啡壺，再倒入杏仁奶中。

端上桌 佐以攪拌匙飲用。

杏仁無花果拿鐵 ALMOND FIG LATTE

煮法 **咖啡壺**　　乳品 **鮮奶**　　溫度 **熱**　　分量 **1杯**

　　無花果在世界上多種咖啡中都當作調味料，但很少作為其原料。本作法將無花果與杏仁精混和，增加風味的深度，使其成為另類的拿鐵咖啡。

義式濃縮
咖啡

加入杏仁及
無花果的蒸奶

大咖啡杯

1 將**1茶匙**的杏仁精與**5滴**無花果香料加入**250㎖**的牛奶，以鋼杯蒸煮至大約**60～65℃**，或是鋼杯底部燙到無法觸摸為止（p48～51），再倒入咖啡杯中。

2 以法式壓壺（p128）、愛樂壓（p131）或其他咖啡壺沖煮**100㎖**的咖啡。若喜歡更明顯的口感，可沖煮濃度兩倍的咖啡。

端上桌　將沖煮好的咖啡注入加味的蒸煮牛奶，即可飲用。

麻糬阿芙佳朵 MOCHI AFFOGATO

煮法 **咖啡機**　　乳品 **椰奶冰淇淋**　　溫度 **熱**　　分量 **1杯**

　　麻糬冰淇淋是一球被滑嫩如生麵團的米糊所包覆的冰淇淋，是一種相當受歡迎的日式甜點，本作法使用的麻糬係以椰奶製成，患有乳糖不耐症者亦可飲用。

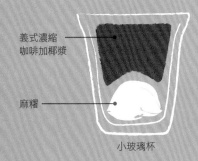

義式濃縮
咖啡加椰漿

麻糬

小玻璃杯

1 將**1顆**黑芝麻口味的椰奶麻糬置於玻璃杯中。

2 使用p44～45的技巧，沖煮**雙份／50㎖**的義式濃縮咖啡至小咖啡壺。

3 將**50㎖**的椰漿與義式濃縮咖啡混和後，再倒至麻糬上方。

端上桌　佐以湯匙即可飲用。

阿芙佳朵 AFFOGATO

煮法 **咖啡機**　　乳品 **冰淇淋**　　溫度 **冷熱交雜**　　分量 **1杯**

　　以義式濃縮咖啡為基底的變化多樣，而阿芙佳朵則是最容易的其中一種。一球冰淇淋沉澱在濃烈的義式濃縮咖啡中，絕對可在任何餐後畫上最完美的句點。若要做較清淡的版本，可選用不含蛋的香草冰淇淋；若想要其他變化，可以添加不同口味的冰淇淋。

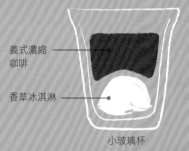

義式濃縮咖啡

香草冰淇淋

小玻璃杯

1　挖**1球香草冰淇淋**至玻璃杯中。使用冰杓挖出越完整的球形冰淇淋，可使其外觀越吸引人。

2　使用p44～45的技巧，沖煮**雙份／50㎖**的義式濃縮咖啡，再倒至冰淇淋上方。

端上桌　佐以湯匙當作甜點食用，或是一邊啜飲一邊任其融化。

杏仁阿芙佳朵 ALMOND AFFOGATO

煮法 **咖啡機**　　乳品 **杏仁奶**　　溫度 **冷熱交雜**　　分量 **1杯**

對患有乳糖不耐症者，杏仁奶是絕佳的替代品。杏仁奶或杏仁奶冰淇淋以杏仁粉加水、糖製成，非常容易在家自製。好好享受杏仁奶為咖啡所帶來的新鮮風味吧！

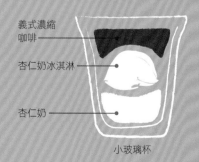

義式濃縮咖啡

杏仁奶冰淇淋

杏仁奶

小玻璃杯

1　將**25㎖的杏仁奶**倒進小玻璃杯，並在上方加**1球杏仁奶冰淇淋**。

2　使用p44～45的技巧，沖煮**單份／25㎖**的義式濃縮咖啡，再倒至冰淇淋上方。

端上桌　灑上**肉桂半茶匙**及**杏仁碎片1茶匙**，即可飲用。

杏仁阿芙佳朵
是一道美味而不含牛奶的咖啡。若是有過敏症狀，
可試試改用米漿及米漿冰淇淋。

鴛鴦 (香港咖啡) YUANYANG

 煮法 **咖啡壺** 乳品 **煉乳** 溫度 **熱** 分量 **4杯**

　　大部分人不會想到將奶茶和咖啡混在一起,不過此一添加紅茶後的乳狀混和物倒是相當美味。鴛鴦原先是路邊攤販售的飲料,目前則是許多香港餐廳的最愛。

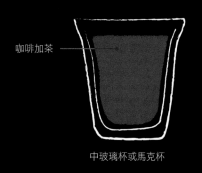

咖啡加茶

中玻璃杯或馬克杯

1　將**2湯匙**的紅茶葉及**250㎖**的水加入容量1公升大的深平底鍋,以文火煮2分鐘。

2　將鍋子移開火爐並倒掉茶葉。拌入**250㎖的煉乳**,再次以小火加熱2分鐘,再移開火爐。

3　使用p128的技巧,以法式壓壺沖煮**500㎖的咖啡**,再倒進鍋中。以木質湯匙澈底攪拌。

　　倒進4只玻璃杯或馬克杯,加**糖**後即可飲用。

草莓蕾絲 STRAWBERRY LACE

 煮法 **咖啡壺** 乳品 **鮮奶** 溫度 **熱** 分量 **1杯**

　　草莓沾裹融化後的黑巧克力深受許多人喜愛,而草莓與鮮奶油的搭配更是迷人。本作法將黑巧克力換成白巧克力,巧妙地融合兩種甜點,增添一分美妙的濃郁乳感。

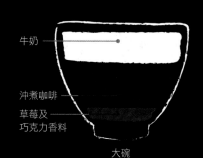

牛奶

沖煮咖啡

草莓及
巧克力香料

大碗

　　以法式壓壺(p128)、愛樂壓(p131)或其他咖啡壺沖煮**150㎖**的咖啡。

　　將**150㎖的牛奶**倒進深平底鍋,以中火加熱,但不要煮掉。

　　將**2湯匙的白巧克力**及**1湯匙的草莓香料**(p162～163)倒進碗底,再加入咖啡及牛奶。

　　佐以湯匙飲用,方便攪拌使巧克力融化。

香蕉船 BANANA SPILT

 煮法 **咖啡壺**　 乳品 **鮮奶**　溫度 **熱**　分量 **1杯**

　　若你喜歡經典的香蕉甜點，例如香蕉太妃派或香蕉船，那麼你一定也會喜歡這道在風味上與其有諸多相似的飲品。搭配300㎖大小的飛碟杯飲用，看起來更是賞心悅目。

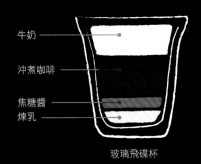

牛奶
沖煮咖啡
焦糖醬
煉乳

玻璃飛碟杯

1　將**1茶匙的煉乳**倒入飛碟杯中，再於其上加**1茶匙的焦糖醬**。

2　將**5滴香蕉香料**（p162～163）加入杯中。以法式壓壺（p128）、愛樂壓（p131）或其他咖啡壺沖煮**100㎖的咖啡**。

3　將**100㎖的牛奶**倒入平底鍋中，以中火加熱，但不要煮沸。

端上桌　將咖啡及牛奶倒入杯中，佐以湯匙飲用。

煉乳熱咖啡（越南咖啡）　CA PHE SUA NONG

 煮法 **咖啡壺**　乳品 **煉乳**　溫度 **熱**　分量 **1杯**

　　製作煉乳熱咖啡不一定要用越南滴滴壺，不過越南滴滴壺確實是個相當乾淨而容易使用的沖煮法，用來製作黑咖啡也非常適合。本作法加入煉乳，喝起來香甜濃滑。

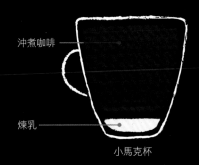

沖煮咖啡

煉乳

小馬克杯

1　將**2湯匙的煉乳**倒入馬克杯底。將**2湯匙的中研磨咖啡粉**置於越南滴滴壺（p136）或濾紙手沖壺（p129）的壺底，搖晃均勻後再將頂部的過濾裝置旋上。

2　煮沸**120㎖的水**，將三分之一注入濾紙／濾蓋，讓咖啡粉膨脹1分鐘。鬆開濾蓋／濾紙幾圈後再將剩下的熱水注入，大約可在5分鐘後滴完。

端上桌　佐以湯匙飲用，方便攪拌使煉乳融化。

金桶咖啡 POT OF GOLD

 煮法 **咖啡壺**　　🍼 乳品 **無**　　🌡 溫度 **熱**　　📄 分量 **1杯**

　　對乳糖不耐症患者來說，其實還有許多不含乳糖的奶品可以嘗試，包括堅果或種籽奶。本作法使用生蛋，增添了絕佳的乳脂感。金光閃閃的卡士達讓整杯咖啡光彩奪目，因此得名「金桶」。

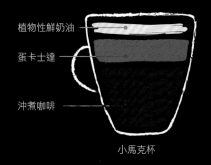

植物性鮮奶油

蛋卡士達

沖煮咖啡

小馬克杯

1　使用p133的技巧，沖煮**100ml濃烈的摩卡咖啡**。

2　接著製作蛋卡士達。首先打**1顆蛋**，將蛋白的部分丟棄，蛋黃的部分則與**2湯匙的無乳糖卡士達**在小碗中混和，再加入1茶匙的咖啡，攪拌均勻。

端上桌　將咖啡倒進馬克杯中，接著放入蛋卡士達，最後加上**植物性鮮奶油**，還能灑些香草糖，即可飲用。

薑餅烈酒 GINGERBREAD GROG

 煮法 **咖啡壺**　　🍼 乳品 **單倍奶油**　　🌡 溫度 **熱**　　📄 分量 **6杯**

　　製作薑餅烈酒可能得多花點時間，但在寒夜中，美妙的香氣及美味的溫暖是值得等待的。大快朵頤後小酌一杯非常合適，豐富的奶油及糖分，用來代替甜點最是剛好。

咖啡加鮮奶油

大馬克杯

1　將**1顆檸檬**及**1棵柳橙**剝皮切片，平均分配放在各馬克杯中。

2　以法式壓壺（p128）或美式咖啡機（p135）沖煮**1.5公升**的咖啡。

3　將咖啡倒進壺中，加入**250ml的單倍奶油**，再將咖啡加鮮奶油倒在柑橘皮上。

端上桌　將薑餅奶油（p162～163）平均分在各馬克杯中，大約每杯1茶匙。待其溶化後，即可飲用。

薑餅烈酒
隨著加味的奶油融化、香料溶解，表面會浮現細小的珍珠狀顆粒。

印度茶咖啡 CHAI COFFEE

煮法 **咖啡壺**　　乳品 **鮮奶**　　溫度 **熱**　　分量 **1杯**

　　印度茶香料有現成調配好的可供購買,不過自行製作也很容易(如p162～163所示)。可根據個人口味調整配方,成品以密封容器儲藏,可保存達一個月。

奶茶加咖啡
大馬克杯

1 以小平底鍋裝**100ml的水**,再加入**1茶匙的印度茶香料**(p162～163)及**1茶匙的散裝紅茶茶葉**,接著煮沸後,再以小火燉煮**5分鐘**。

2 加入**100ml的牛奶**後再次加熱,但不要煮沸。同時以法式壓壺(p128)、愛樂壓(p131)或其他咖啡壺沖煮**100ml的咖啡**。最後將茶葉及香料渣濾出。

端上桌　將等量的奶茶及咖啡倒進馬克杯中,加**糖**後即可飲用。

巧克力薄荷甘草咖啡 CHOC-MINT LIQUORICE

煮法 **咖啡機**　　乳品 **鮮奶**　　溫度 **熱**　　分量 **1杯**

　　乾草淺淺的可口宜人加上黑巧克力的苦味及薄荷的清香,使本咖啡成為成人較能接受的飲料。減少牛奶的比例更可增強其風味。

義式濃縮咖啡
薄荷口味牛奶
甜甘草醬
中玻璃杯

1 加入**1～2塊巧克力**及**1湯匙的甜甘草醬**至玻璃杯底。

2 將**5～6滴薄荷香料**加入**150ml的牛奶**,以鋼杯蒸煮至大約60～65℃,或是鋼杯底部燙到無法觸摸為止(p48～51),再倒入玻璃杯中。

3 使用p44～45的技巧,沖煮**雙份/50ml的義式濃縮咖啡**進小咖啡壺。

端上桌　將義式濃縮咖啡注入奶泡中,即可飲用。

瑪克蘭咖啡（葡萄牙冰咖啡） MAZAGRAN

煮法 **咖啡機**　乳品 **無**　溫度 **冷**　分量 **1杯**

　　瑪克蘭咖啡以濃烈的滴濾咖啡或義式濃縮咖啡製成，是葡萄牙版的冰咖啡。飲用時通常會以冰塊為底並搭配螺旋狀檸檬皮，加上微糖，有時還會再摻點蘭姆酒。

義式濃縮
咖啡

冰塊

小玻璃杯

1 將**3～4顆冰塊**及**1個檸檬角**放進玻璃杯中。

2 使用p44～45的技巧，沖煮**雙份／50㎖**的義式濃縮咖啡至冰塊上方。

端上桌　可自行選擇加入純糖漿（p162～163），即可飲用。

義式濃縮冰咖啡 ICE ESPRESSO

煮法 **咖啡機**　乳品 **無**　溫度 **冷**　分量 **1杯**

　　讓一杯義式濃縮咖啡冷卻最快的方法是倒入冰塊中，不過若是與冰塊一起搖盪，還能製造出一層誘人的泡沫。試試不同種類的糖——白糖、德麥拉拉蔗糖或黑砂糖——變出截然不同的風味來。

義式濃縮
咖啡

冰塊

小玻璃杯

1 使用p44～45的技巧，沖煮**雙份／50㎖的義式濃縮咖啡**進小咖啡杯，並可自行選擇加**糖**。

2 將咖啡倒進裝滿**冰塊**的雪克杯，再用力搖盪。

端上桌　在杯中放入些許**冰塊**，將咖啡過濾於其上，即可飲用。

義式濃縮氣泡咖啡 SPARKLING ESPRESSO

煮法 **咖啡機**　　乳品 **無**　　溫度 **冷**　　分量 **1杯**

在義式濃縮咖啡中加入蘇打水看似非比尋常，但所導致的冒泡則是相當提神的。不過要小心，貿然將兩者混合可是會引起泡沫爆發的。

蘇打水
義式濃縮咖啡
冰塊

小玻璃杯

1 在飲用前，先將玻璃杯冷凍1小時。

2 使用p44～45的技巧，沖煮**雙份／50㎖的義式濃縮咖啡**進小咖啡壺。將玻璃杯裝滿冰塊後，再倒入義式濃縮咖啡。

端上桌　在上方慢慢注入**蘇打水**，小心別讓泡沫噴發，完成之後即可飲用。

白雪公主 SNOW WHITE

煮法 **咖啡機**　　乳品 **無**　　溫度 **冷**　　分量 **1杯**

這杯冷飲使用大量冰塊結合了草莓與甘草，風味少見。鮮明的紅黑對比讓人想起白雪公主的嫩唇秀髮，因以為名。

義式濃縮咖啡加糖
冰塊
草莓香料
甘草香料

中平底無腳杯

1 使用p44～45的技巧，沖煮**雙份／50㎖的義式濃縮咖啡**進小咖啡壺，並拌入**1茶匙的白糖**。將義式濃縮咖啡及**冰塊**倒進雪克杯，再用力搖盪。

2 將**1湯匙的甘草香料**及**1湯匙的草莓香料**倒進無腳平底杯，再加入**冰塊**。

3 將咖啡濾出。在倒進杯中前，可**選擇加入50㎖的冰牛奶**，讓風味更香濃滑順。

端上桌　佐以湯匙引用，以便將所有原料拌勻。

白雪公主
試試用碎冰代替冰塊，保冰效果更好，不過咖啡會被稀釋得很快。

咖啡可樂 ESPRESSO COLA

煮法 **咖啡機**　乳品 **無**　溫度 **冷**　分量 **1杯**

　　以一份義式濃縮咖啡調味後的冰可樂，足以讓人像隻活躍的蜜蜂連續嗡嗡嗡好幾個小時。兩種飲料在冰塊上結合時會產上大量的氣泡，不過若能保持飲料及玻璃杯本身低溫，即可改善冒泡的現象。

義式濃縮
咖啡

可樂

冰塊

中玻璃杯

1 使用p44～45的技巧，沖煮**雙份／50㎖**的義式濃縮咖啡進小咖啡壺，再放入冰箱直到冷卻。

2 將**冰塊**加進玻璃杯中，並注入**150㎖**的**可樂**於其上。待氣泡消退後，再將冰咖啡緩緩倒入。

端上桌　以**純糖漿**（p162～163）調味後，即可飲用。

蒲公英萊恩咖啡 RYAN DANDELION

煮法 **咖啡壺**　乳品 **無**　溫度 **冷**　分量 **4杯**

　　烘焙後磨成粉的蒲公英根就和菊苣、大麥及甜菜一樣，是常見的咖啡替代品。在咖啡供給不足時，這些替代品雖然無法提供咖啡因的刺激，但仍相當美味而撫慰人心。

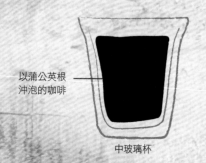

以蒲公英根
沖泡的咖啡

中玻璃杯

1 使用p134的技巧，以冰滴壺沖泡冰咖啡，原料包括**1公升**的**水**、**2湯匙**的中研磨咖啡粉、**2湯匙**烘焙過的蒲公英根以及**2湯匙**烘焙過的甜菜或菊苣。

2 將**250㎖**的咖啡及**冰塊**倒進雪克杯，再充分搖盪，即為1杯的分量。

端上桌　將咖啡倒進玻璃杯中，再以**新鮮蒲公英花**裝飾，即可飲用。

冰咖啡果茶 ICED CASCARA COFFEE

煮法 **咖啡壺**　　乳品 **無**　　溫度 **冷**　　分量 **1杯**

　　咖啡通常是以烘焙過的豆子製成，不過有時咖啡樹的其他部分也能用來沖煮一些傳統飲品，例如庫提（kuti）、歐哈（hoja）及咖許（qishr）。在本作法中，像木槿子般的咖啡果乾讓整杯冰咖啡都亮了起來。

咖啡冰塊及咖啡果乾冰塊

冰咖啡

中玻璃杯

1 要準備咖啡果乾冰塊，必須先用**咖啡果乾**泡茶。將泡好的茶倒進製冰盤後放入冷凍庫，等待結冰。以相同方式但改用**沖煮好的咖啡**製冰。

2 使用p134的技巧，以冰滴壺沖泡**150㎖的冰咖啡**。

3 將**咖啡果乾冰塊**及**咖啡冰塊**放進雪克杯，接著倒入冰咖啡及**1茶匙的咖啡乾果**後再進行搖盪。

端上桌　倒進玻璃杯後，即可享用。

完美沙士 ROOT OF ALL GOOD

煮法 **咖啡壺**　　乳品 **無**　　溫度 **冷**　　分量 **1杯**

　　沙士及咖啡在冰冷的狀態下結合特別討人喜歡。本作法不含乳品，而是使用椰漿提升其口感及甜度，與沙士相輔相成。

沖泡好的冰咖啡

碎冰

椰漿

沙士香料

中玻璃杯

1 使用p134的技巧，以冰滴壺沖泡**150㎖的冰咖啡**。

2 將**50㎖**現成的沙士香料以及**50㎖**的**椰漿**倒進玻璃杯並充分混合。

端上桌　上方加入**碎冰**，再注入冰咖啡，即可搭配吸管飲用。

冰淇淋蘇打咖啡 CREAM COFFEE POP

煮法 咖啡壺　　乳品 無　　溫度 冷　　分量 1杯

「冰淇淋蘇打」（cream soda）在世界各國有不同的名稱，作法及顏色也不一致，具有多種水果口味，不過以香草或煉乳居多。

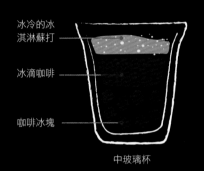

冰冷的冰淇淋蘇打

冰滴咖啡

咖啡冰塊

中玻璃杯

1　使用p134的技巧，以冰滴壺沖泡**100㎖的冰咖啡**。將玻璃杯置於冰箱冷藏1小時左右。

2　將**咖啡冰塊**（p189，「冰咖啡果茶」步驟1）放進冰玻璃杯，再倒入冰咖啡。

3　緩緩倒進**100㎖冰冷的冰淇淋蘇打**，小心別讓氣泡溢出。

　立即飲用。

加勒比特調 CARIBBEAN PUNCH

煮法 咖啡壺　　乳品 無　　溫度 冷　　分量 1杯

本特調中的檸檬汁和蘇打水使得苦味劑及蘭姆酒的溫暖風味更加鮮明。而要製作蘭姆冰塊，只需在水中加入些許蘭姆香料，再倒進製冰盤冷凍及可。

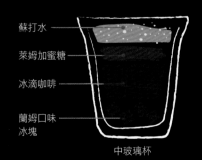

蘇打水

萊姆加蜜糖

冰滴咖啡

蘭姆口味冰塊

中玻璃杯

1　使用p134的技巧，以冰滴壺沖泡**150㎖的冰咖啡**。

2　將**蘭姆口味冰塊**放進玻璃杯中，再於其上注入冰咖啡。

3　在小咖啡壺中，調配**2茶匙的檸檬汁**、**5滴苦味劑**、**25㎖的蘭姆香料**及**1湯匙的蜜糖**，再倒在咖啡及冰塊上。

　最上方加入**50㎖的蘇打水**，即可飲用。

漂浮可樂咖啡 COFFEE COLA FLOAT

煮法 **咖啡機**　　乳品 **豆奶冰淇淋**　　溫度 **冷**　　分量 **1杯**

　　市面上有許多好的豆奶冰淇淋，因此即便患有乳糖不耐症，還是可以品嚐這款經典的漂浮可樂。可樂及咖啡混合後會產生大量汽泡，因此在調配時須特別注意。

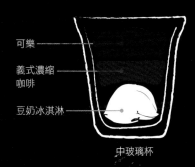

可樂

義式濃縮
咖啡

豆奶冰淇淋

中玻璃杯

1　舀**1球豆奶冰淇淋**至玻璃杯底。

2　使用p44～45的技巧，沖煮**單份／25㎖的義式濃縮咖啡**，倒在冰淇淋上方後，再小心注入可樂。

端上桌　佐以湯匙飲用。

冰拿鐵 ICE LATTE

煮法 **咖啡機**　　乳品 **鮮奶**　　溫度 **冷**　　分量 **1杯**

　　冰拿鐵──炎炎夏日的消暑聖品──能夠搖製或攪拌、加糖或調味，並且根據個人喜好量身訂做濃度。若喜歡卡布奇諾的強烈口感，將本做法中的牛奶分量減半即可。

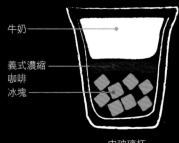

牛奶

義式濃縮
咖啡

冰塊

中玻璃杯

1　將玻璃杯裝滿一半的冰塊。使用p44～45的技巧，**沖煮單份／25㎖**的義式濃縮咖啡製咖啡壺，再倒進杯中。

端上桌　上方加入**180㎖的牛奶**，並以**純糖漿**（p162～163）調味。

還能這樣做　沖煮**單份／25㎖**的義式濃縮咖啡，與**冰塊**一起倒進雪克杯，再充分搖盪。將玻璃杯裝滿一半的**冰塊**，並倒入**180㎖的牛奶**直到¾杯滿。最後再將冰咖啡加入杯中，即可飲用。

榛果冰拿鐵 HAZELNUT ICE LATTE

煮法 **咖啡機**　　乳品 **榛果奶**　　溫度 **冷**　　分量 **1杯**

若要來杯複雜一點的無乳糖替代品，可以混合多種堅果及種籽奶，並趁機嘗試各種口感。以糖漿代替一般的糖調味，增添另一個層次的風味。

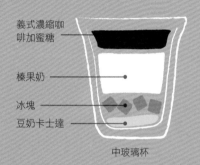

義式濃縮咖啡加蜜糖

榛果奶

冰塊

豆奶卡士達

中玻璃杯

1　使用p44～45的技巧，沖煮**雙份／50㎖**的義式濃縮咖啡至小咖啡壺，加入**2茶匙**的蜜糖，再倒進裝滿**冰塊**的雪克杯充分搖盪。

2　舀**2湯匙**的豆奶卡士達至玻璃杯底並加入些許**冰塊**，在於其上倒進**150㎖**的榛果奶。

端上桌　將咖啡倒入杯中，並佐以湯匙飲用。

米漿冰拿鐵 RICE MILK ICE LATTE

煮法 **咖啡機**　　乳品 **米漿**　　溫度 **冷**　　分量 **1杯**

米漿的香甜在眾多牛奶替代品中較為天然，雖然蒸煮時較不易起泡，但卻因此適合用來製作冰咖啡。堅果萃取物和米漿很搭，而莓果也相當值得一試。

果仁糖義式濃縮咖啡加米漿

中玻璃杯

1　使用p44～45的技巧，沖煮**單杯／25㎖**的義式濃縮咖啡至小咖啡壺，並靜置冷卻。

2　將咖啡、**180㎖**的米漿及**25㎖**的果仁糖香料放進雪克杯，加入咖啡冰塊（p189，「冰咖啡果茶」步驟1）並用力搖盪。

端上桌　雙重過濾至玻璃杯中，佐以湯匙後立即飲用。

杏桃八角咖啡 APRICOT STAR

煮法 **咖啡機** 　　乳品 **單倍奶油** 　　溫度 **冷** 　　分量 **1杯**

　　茶與咖啡的結合相當適合以冷飲處理，尤其是在經過牛奶及其他香料調味後。若要較淡的口味，則用單份的義式濃縮咖啡即可。

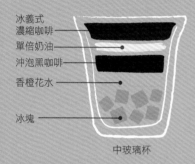

冰義式
濃縮咖啡
單倍奶油
沖泡黑咖啡
香橙花水

冰塊

中玻璃杯

1 　將**150㎖**的沸水倒進茶壺，並浸入**10g**的紅茶茶葉及**1顆八角**。濾出茶後再待其冷卻。

2 　將玻璃杯裝進半滿的**冰塊**，加入**2茶匙**的香橙花水及**1茶匙**的**杏桃香料**，再將冷卻的茶倒在冰塊上，於表面放上單倍奶油。

3 　使用p44～45的技巧，沖煮**雙份／50㎖**的義式濃縮咖啡至小咖啡壺，再倒進裝滿冰塊的雪克杯，並充分搖盪至冷卻為止。

端上桌　將冰咖啡濾出至玻璃杯，即可飲用。

椰子肉桂咖啡 COCOMON

煮法 **咖啡機** 　　乳品 **鮮奶** 　　溫度 **冷** 　　分量 **1杯**

　　椰子肉桂咖啡不起眼但香甜，結合美味的椰子和肉桂，讓每一口都令人唇齒生津。若要更醇厚的口感，將牛奶換成單倍奶油即可。

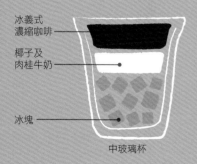

冰義式
濃縮咖啡

椰子及
肉桂牛奶

冰塊

中玻璃杯

1 　使用p44～45的技巧，沖煮**雙份／50㎖**的義式濃縮咖啡至小咖啡壺，再倒進裝有些許冰塊的雪克杯，並充分搖盪。

2 　在玻璃杯中裝進半杯的**冰塊**，並倒入**120㎖**的牛奶直到¾杯滿。加入**椰子香料**及**肉桂香料各1茶匙**，再將冰咖啡倒入杯中。

端上桌　以**椰子刨花**裝飾，加入**純糖漿**（p162～163）調味，即可飲用。

冰摩卡
炎炎夏日的消暑聖品，在燒烤盛宴後來一杯最是提神。

冰摩卡 ICE MOCHA

🔲 煮法 **咖啡機**　　🍼 乳品 **鮮奶**　　🌡 溫度 **冷**　　📄 分量 **1杯**

　　冰摩卡是冰拿鐵的變化，所用的巧克力醬帶來濃郁香甜的口感，相當受歡迎。若是想要更濃烈的咖啡風味，只要減少牛奶或巧克力醬的用量即可。

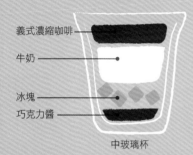

義式濃縮咖啡

牛奶

冰塊

巧克力醬

中玻璃杯

1　將**2湯匙的輕巧克力或黑巧克力醬**（p162～163）倒進玻璃杯，再加入冰塊及超過**180㎖的牛奶**。

2　使用p44～45的技巧，沖煮**雙份／50㎖的義式濃縮咖啡**至小咖啡壺，再倒在牛奶上。

端上桌　佐以湯匙立即飲用，隨時攪拌使巧克力醬溶解。

一縷清香 BREATH OF FRESH AIR

🔲 煮法 **咖啡機**　　🍼 乳品 **鮮奶**　　🌡 溫度 **冷**　　📄 分量 **1杯**

　　薄荷與咖啡搭配起來具有清新的風味，再加上香草，更是適合在盛夏享用的飲品。記得選用脂肪較低的鮮奶，讓口感更細緻優雅。

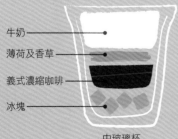

牛奶

薄荷及香草

義式濃縮咖啡

冰塊

中玻璃杯

1　使用p44～45的技巧，沖煮**雙份／50㎖的義式濃縮咖啡**至小咖啡壺。在玻璃杯中裝進半杯的**冰塊**，再小心將咖啡倒入。

2　添加**1茶匙的薄荷香料**及**5～6滴的香草精華液**，再於上方倒入**150㎖的牛奶**。

端上桌　以**薄荷葉**裝飾，並佐以湯匙飲用以方便攪拌。

煉乳冰咖啡（越南冰咖啡）CA PHE SUA DA

煮法 **咖啡壺**　　乳品 **煉乳**　　溫度 **冷**　　分量 **1杯**

　　若是沒有越南滴滴壺，可改用法式壓壺（p128）或摩卡壺（p133）。煉乳冰咖啡和煉乳熱咖啡（p181）的作法相差無幾，雖然較為稀釋，但還是相當滑順香甜。

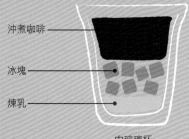

沖煮咖啡

冰塊

煉乳

中玻璃杯

1 將**2湯匙**的煉乳倒進杯底，並裝滿**冰塊**。

2 將滴滴壺的濾蓋拿起（p136），倒進**2湯匙**的中研磨咖啡粉，搖晃均勻後再將濾蓋旋上。

3 將滴滴壺置於玻璃杯上。煮沸**120㎖**的水後，將¼注入濾蓋。依照p136指示利用滴滴壺沖煮咖啡。

端上桌　攪拌煉乳溶解後，即可飲用。

櫻桃莓果咖啡 CHERRY BERRY

煮法 **咖啡壺**　　乳品 **鮮奶**　　溫度 **冷**　　分量 **1杯**

　　許多咖啡產地──例如肯亞及哥倫比亞部分地區──所產的咖啡都具有水果風味的特色，因此相當適合以冰滴的方式沖泡。

鮮奶油鮮奶油

雙倍濃冰滴咖啡

牛奶

冰塊

蔓越莓香料

櫻桃香料

長身玻璃杯

1 使用p134的技巧，以**冰塊**沖泡**200㎖**的特濃冰咖啡。

2 將**25㎖**的櫻桃香料及**1湯匙**的蔓越莓香料倒進玻璃杯底，並裝滿半杯的**冰塊**。小心倒入**50㎖**的牛奶及咖啡。

端上桌　加上**1湯匙**的鮮奶油，並以**1顆**新鮮櫻桃裝飾，佐以湯匙即可享用。

開心果奶油咖啡 PISTACHIO BUTTER

煮法 **咖啡壺**　　乳品 **鮮奶**　　溫度 **冷**　　分量 **1杯**

　　花生味在咖啡中有時被認為是劣質的象徵，但還是偶有例外。試試本作法的堅果味咖啡，草莓與花生果香料的結合教人勾起花生奶油與果凍的風味。

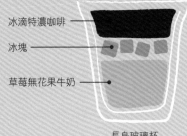

冰滴特濃咖啡 ———

冰塊 ———

草莓無花果牛奶 ———

長身玻璃杯

1　使用p134的技巧，以冰塊沖泡**50㎖**的特濃冰咖啡。

2　將**冰塊**、**120㎖的牛奶**、**1湯匙的開心果香料**及**1湯匙的草莓香料**加入雪克杯中，並用力搖蕩。

3　倒進玻璃杯中，加上些許**冰塊**。再小心注入咖啡。

端上桌　在杯緣以**1顆新鮮草莓**裝飾，即可飲用。

楓糖冰拿鐵 ICE MAPLE LATTE

煮法 **咖啡壺**　　乳品 **鮮奶**　　溫度 **熱**　　分量 **1杯**

　　加入一點楓糖漿，就能替冰咖啡歐蕾做出變化。不但增添甜味，更使咖啡冰塊融化而慢慢增強其風味的效果更加突出。

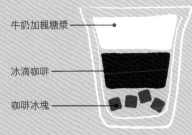

牛奶加楓糖漿 ———

冰滴咖啡 ———

咖啡冰塊 ———

中玻璃杯

1　使用p134的技巧，以冰滴壺沖泡**120㎖**的冰咖啡。

2　將**咖啡冰塊**（p189，「冰咖啡果茶」步驟1）加入杯中，再倒進咖啡及**120㎖的牛奶**。

端上桌　在漂浮的冰塊上滴灑些許**楓糖漿**調味，並佐以攪拌棒飲用。

奶蜜咖啡
固態的牛奶冰塊或咖啡冰塊讓咖啡不會被稀釋
的太快。

奶蜜咖啡 MILK AND HONEY

 煮法 **咖啡壺**　　乳品 **鮮奶**　　溫度 **冷**　　分量 **1杯**

蜂蜜是天然美味的增甜劑，不管冷熱飲都適用。在本作法中，可於咖啡冷卻前就加入蜂蜜，或是等到飲用前才拌入。至於牛奶冰塊，只要將牛奶以製冰盤冷凍即可。

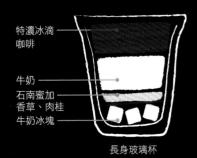

特濃冰滴咖啡
牛奶
石南蜜加香草、肉桂
牛奶冰塊

長身玻璃杯

1　使用p134的技巧，以**冰塊**沖泡**100㎖的特濃冰咖啡**。

2　將**3～4個牛奶冰塊**放進杯中，再加入**半茶匙的香草萃取液、1湯匙的石南蜜**（**heather honey**）及**¼茶匙的肉桂粉**。

端上桌　依序將**100㎖的牛奶**及咖啡倒進杯中，並佐以攪拌匙飲用。

咖啡冰沙 BLENDED ICE COFFEE

 煮法 **咖啡壺**　　乳品 **鮮奶**　　溫度 **冷**　　分量 **1杯**

就跟咖啡奶昔一樣，這杯香甜滑順的調製飲料能夠以原味享用，也能隨意加入各種原料調味。若是喜歡較清淡的口感，將鮮奶油換成一般或低脂牛奶即可。

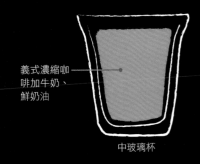

義式濃縮咖啡加牛奶、鮮奶油

中玻璃杯

1　使用p44～45的技巧，，沖煮**單杯／25㎖的義式濃縮咖啡**至小咖啡壺。

2　將**咖啡、5～6個冰塊、30㎖的鮮奶油**及**150㎖的牛奶**倒進攪拌機中，打至滑順為止。

端上桌　加入**純糖漿**（p162～163）調味，倒進玻璃杯後以吸管飲用。

摩卡冰沙 FRAPPÉ MOCHA

煮法 **咖啡機**　乳品 **鮮奶**　溫度 **冷**　分量 **1杯**

　　想要替咖啡冰沙做點變化，可加入一些巧克力醬，並增加義式濃縮咖啡的量以平衡風味。若要較溫和的口味，可試試牛奶巧克力醬或白巧克力醬。

鮮奶油

義式濃縮咖啡
加巧克力、
牛奶

中玻璃杯

1 使用p44～45的技巧，沖煮**單杯雙份／50㎖**的義式濃縮咖啡至小咖啡壺。

2 將咖啡、**180㎖的牛奶**、**2湯匙的巧克力醬**及**5～6個冰塊**倒進攪拌機，打至滑順為止，再加入**純糖漿**（p162～163）調味。

端上桌　倒進玻璃杯中，頂端放上**1湯匙的鮮奶油**，佐以吸管飲用。

巧克力薄荷冰沙 CHOC-MINT FRAPPÉ

煮法 **咖啡機**　乳品 **鮮奶**　溫度 **冷**　分量 **1杯**

　　巧克力薄荷冰沙就像把雀巢After　Eight薄荷巧克力薄片浸到咖啡裡一樣，是晚餐飯後的絕佳甜點。以義式濃縮咖啡為底，巧妙結合薄荷及巧克力，口感濃醇滑順。可加入糖漿調味，並搭配巧克力薄荷享用。

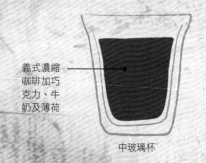

義式濃縮
咖啡加巧
克力、牛
奶及薄荷

中玻璃杯

1 使用p44～45的技巧，沖煮**雙份／50㎖**的義式濃縮咖啡至小咖啡壺。

2 將咖啡、**5～6個冰塊**、**180㎖的牛奶**、**25㎖的薄荷香料**及**2湯匙的巧克力醬**倒進攪拌機中，打至滑順為止，再加入**純糖漿**（p162～163）調味。

端上桌　倒進玻璃杯中，以**巧克力刨花**及**薄荷葉**裝飾，即可飲用。若要增加視覺效果，可改用玻璃飛碟杯。

榛果冰沙 HAZELNUT FRAPPÉ

⌴ 煮法 **咖啡機**　　🍾 乳品 **無**　　🌡 溫度 **冷**　　📑 分量 **1杯**

　　榛果奶是相當適合與咖啡搭配的植物奶，而且方便在家自製。添加香草後，更可讓各種風味完美地結合。

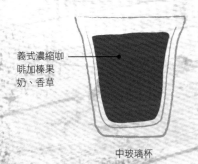

義式濃縮咖啡加榛果奶、香草

中玻璃杯

1 使用p44～45的技巧，沖煮**雙份／50mℓ的義式濃縮咖啡**至小咖啡壺。

2 將咖啡、**200mℓ的榛果奶**、**5～6個冰塊**及**1茶匙的香草糖**倒進攪拌機中，打至滑順為止。

端上桌　倒進玻璃杯中，再佐以吸管飲用。

歐洽塔冰沙 HORCHATA FRAPPÉ

⌴ 煮法 **咖啡機**　　🍾 乳品 **無**　　🌡 溫度 **冷**　　📑 分量 **4杯**

　　歐洽塔是一種拉丁美洲的飲品，以杏仁、芝麻籽、油莎草（tigernut）或稻米製成。香草及肉桂則是常見的調味料，自製或購買現成的皆可。

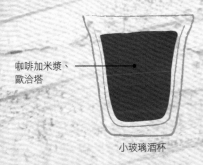

咖啡加米漿、歐洽塔

小玻璃酒杯

1 使用p131的技巧，以愛樂壓沖煮**100mℓ的特濃咖啡**。

2 將咖啡、**2湯匙的歐洽塔粉**、**100mℓ的米漿**、**2個香草莢的種子**、**半茶匙的肉桂粉**以及**10～15個冰塊**倒進攪拌機中，打至滑順為止。

端上桌　加入**純糖薑**調味（p162～163），以**香草莢**及**肉桂枝**裝飾，即可飲用。

咖啡拉西 COFFEE LASSI

🍶 煮法 **咖啡機**　　🍼 乳品 **優格**　　🌡️ 溫度 **冷**　　📄 分量 **1杯**

　　優格非常適合作為牛奶的替代品，能為冰沙增添新鮮的滋味以及相當於鮮奶油或冰淇淋的口感。本作法中的一般優格亦可用一球優格冰代替。

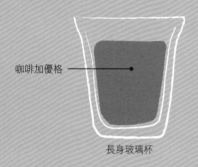

咖啡加優格

長身玻璃杯

1　使用p44～45的技巧，沖煮**雙份／50ml**的義式濃縮咖啡至小咖啡壺。

2　將**5～6個冰塊**倒進攪拌機中，再注入咖啡於其上靜置冷卻。

3　將**150ml的優格、1茶匙的香草精、1茶匙的蜂蜜**及**2湯匙的巧克力醬**倒進攪拌機中，打至滑順為止。

端上桌　可再添加蜂蜜調味，倒至玻璃杯中，並佐以吸管飲用。

戀戀甘草 LOVE LIQUORICE

🍶 煮法 **咖啡機**　　🍼 乳品 **鮮奶**　　🌡️ 溫度 **冷**　　📄 分量 **1杯**

　　若是你喜歡甘草獨特的風味，一定也會愛上這杯咖啡。要加入攪拌機的乾草可以是粉狀、糖漿或醬汁，嘗試不同濃度或是加鹽的甘草，創造更豐富的滋味。

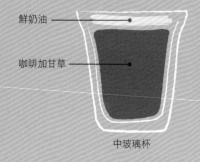

鮮奶油

咖啡加甘草

中玻璃杯

1　使用p44～45的技巧，沖煮**雙份／50ml**的義式濃縮咖啡至小咖啡壺。

2　將咖啡、**180ml的牛奶、1茶匙的甘草粉**及**5～6個冰塊**倒進攪拌機中，打至滑順為止。

3　加入**純糖漿**（p162～163）調味，再倒進玻璃杯中。

端上桌　在頂端加上**1湯匙的鮮奶油**，多灑一些**甘草粉**，再以**八角**裝飾，並佐以吸管飲用。

蘭姆葡萄冰淇淋 ICE CREAM RUM RAISIN

煮法 **咖啡機**　　乳品 **鮮奶**　　溫度 **冷**　　分量 **1杯**

　　蘭姆酒及葡萄乾是冰淇淋中常見的經典組合，與咖啡的搭配也相當合適，畢竟是描述日曬咖啡豆之風味常出現的詞彙。

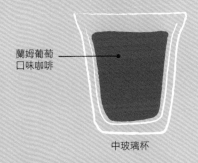

蘭姆葡萄
口味咖啡

中玻璃杯

1 使用p44～45的技巧，沖煮**雙份／50㎖的義式濃縮咖啡**至小咖啡壺。

2 將咖啡、**120㎖的牛奶**、**25㎖的蘭姆葡萄香料**及**1球香草冰淇淋**倒進攪拌機中，打至滑順為止。

3 加入**純糖漿**（p162～163）調味，再倒進玻璃杯中。

端上桌　可選擇於上方加點**鮮奶油**，再佐以吸管飲用。

醉人香草 VOLUPTUOUS VANILLA

煮法 **咖啡機**　　乳品 **鮮奶**　　溫度 **冷**　　分量 **1杯**

　　製作冰沙時加入煉乳，能夠增添一種迷人的口感，彷彿在喝潤滑液一般。若是希望沒那麼甜，可以淡奶（evaporated milk）或單倍奶油代替。

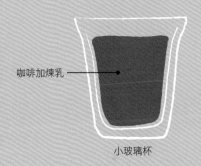

咖啡加煉乳

小玻璃杯

1 使用p44～45的技巧，沖煮**單份／25㎖的義式濃縮咖啡**至小咖啡壺。

2 將咖啡、**100㎖的牛奶**、**2湯匙的煉乳**、**1茶匙的香草精**及**5～6個冰塊**倒進攪拌器中，打至滑順為止。

端上桌　倒進玻璃杯中，並立即飲用。

麥芽特調 MALTED MIX

煮法 **咖啡機**　　乳品 **鮮奶**　　溫度 **冷**　　分量 **1杯**

非糖化麥芽粉（nondiastatic malt powder）被用作飲料中的增甜劑，此處除了增添甜味外，還帶來濃厚宜人的口感。麥芽乳粉或巧克力麥芽也有同樣的效果。

義式濃縮咖啡
加牛奶、麥芽

啤酒杯

1 使用p44～45的技巧，沖煮**雙份／50㎖**的義式濃縮咖啡至小咖啡壺。

2 將咖啡、**1小球巧克力冰淇淋**、**5～6個冰塊**、**150㎖**的牛奶以及**2湯匙的麥芽粉**倒進攪拌器中，打至滑順為止。

端上桌　倒進馬克杯中，並佐以**麥芽牛奶餅乾**立即飲用。

香蕉摩卡冰沙 MOCHA BANANA

煮法 **咖啡機**　　乳品 **鮮奶**　　溫度 **冷**　　分量 **1杯**

新鮮的香蕉很難和咖啡拌在一起，但是冷凍後加入冰塊、牛奶、香草及巧克力一起攪拌，效果就相當出色了。這杯香蕉摩卡冰沙就像咖啡口味的思慕昔一樣，清涼提神又有飽足感。

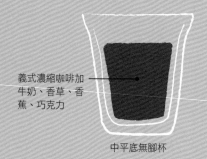

義式濃縮咖啡加
牛奶、香草、香
蕉、巧克力

中平底無腳杯

1 使用p44～45的技巧，沖煮**雙份／50㎖**的義式濃縮咖啡至小咖啡壺。

2 將咖啡、**150㎖的牛奶**、**半茶匙的香草精**、**5～6個冰塊**、**半根成熟的凍香蕉**、**1湯匙的巧克力醬**以及**2茶匙的糖**倒進攪拌器中，打至滑順為止。

端上桌　倒進平底無腳杯中，以香草莢及香蕉片裝飾，即可飲用。

愛沙尼亞摩卡 ESTONIAN MOCHA

煮法 **咖啡機**　　乳品 **鮮奶**　　溫度 **熱**　　分量 **1杯**

　　老塔林（Vana Tallinn）是以蘭姆酒為基底的烈酒，帶有柑橘、肉桂及香草等調性，都是常見於優質咖啡豆中的風味。加點巧克力醬就成了相當帶勁的摩卡咖啡了。

義式濃縮咖啡

蒸奶

老塔林

巧克力醬

雞尾酒杯

1 將**1湯匙**的巧克力醬及**30㎖**的老塔林倒進玻璃杯中，使其充分混合。

2 以鋼杯蒸煮**120㎖**的牛奶至大約60～65℃，或是鋼杯底部燙到無法觸摸為止（p48～51）。將蒸奶小心倒進杯中

3 使用p44～45的技巧，沖煮**雙份／50㎖**的義式濃縮咖啡至小咖啡壺。

端上桌　將咖啡倒進杯中，即可飲用。

推薦豆　帶有柑橘、肉桂或香草味的咖啡豆。

哥拉巴咖啡 CORRETTO ALLA GRAPPA

煮法 **咖啡機**　　乳品 **無**　　溫度 **熱**　　分量 **1杯**

　　克瑞特咖啡（espresso corretto）是經過一份烈酒「調教」（correct）過的單份義式濃縮咖啡，通常用的是哥拉巴酒（Grappa），有時也用珊布卡（Sambuca）、白蘭地（Brandy）或干邑白蘭地（Cognac）。一般會在製作時就將酒加入，不過也可邊喝邊加。

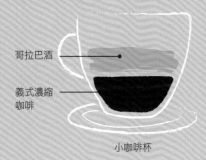

哥拉巴酒

義式濃縮咖啡

小咖啡杯

1 使用p44～45的技巧，沖煮**單份／25㎖**的義式濃縮咖啡至咖啡杯。

2 將**25㎖**的哥拉巴酒或其他自行選擇的酒類倒在咖啡上。

端上桌　立即飲用。

蘭姆牛奶糖咖啡 RON DULCE

煮法 **咖啡機**　　乳品 **鮮奶油**　　溫度 **熱**　　分量 **1杯**

　　焦糖是一種與咖啡相當麻吉的風味。本作法結合焦糖咖啡與牛奶糖醬（dulce de leche）的香甜綿密、卡魯哇利口酒（Kahlua）的甘甜風味及蘭姆酒的陣陣暖意。

鮮奶油

義式濃縮咖啡

卡魯哇利口酒
蘭姆酒
牛奶糖醬

中玻璃杯

1　將**1湯匙的牛奶糖醬**倒進玻璃杯中，再倒進**25㎖**的蘭姆酒及**1湯匙的卡魯哇利口酒**。

2　使用p44～45的技巧，沖煮**雙份／50㎖**的義式濃縮咖啡至小咖啡壺，再倒在杯中的酒上。

3　將**25㎖的鮮奶油**攪拌至黏稠而不僵硬

端上桌　將鮮奶油以湯匙背面鋪在咖啡上，即可飲用。

貓熊咖啡 PANDA ESPRESSO

煮法 **咖啡機**　　乳品 **無**　　溫度 **熱**　　分量 **1杯**

　　薄荷與甘草是與咖啡相當搭的經典組合。使用綠色薄荷酒能造成有趣的視覺效果，但若不習慣綠油油的飲料，改用透明的薄荷酒即可。

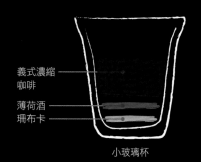

義式濃縮
咖啡

薄荷酒
珊布卡

小玻璃杯

1　將**1湯匙的珊布卡**及**1湯匙的薄荷酒**（Crème de Menthe）倒進杯中。

2　使用p44～45的技巧，沖煮**雙份／50㎖**的義式濃縮咖啡至小咖啡壺，再小心倒進杯中。

端上桌　以**新鮮的薄荷葉**裝飾，即可飲用。

貓熊咖啡
如果你不打算一口乾了它，記得在啜飲前先攪拌一下。

鏽色雪利丹 RUSTY SHERIDANS

煮法 **咖啡機**　　乳品 **無**　　溫度 **熱**　　分量 **1杯**

　　本作法源於「鏽釘」（Rusty Nail）──最著名的蜜蜂香甜雞尾酒（Drambuie）──以威士忌為主軸，並加入雪利丹（Sheridans）提升甜味、使咖啡風味更加突出。若要更鮮明的調性，將檸檬皮切成螺旋狀，再放進咖啡中即可。

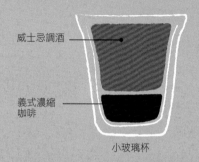

威士忌調酒

義式濃縮咖啡

小玻璃杯

1 用p44～45的技巧，沖煮**單份／25㎖的義式濃縮咖啡**至玻璃杯。

2 將**25㎖的蜂蜜香甜酒、25㎖的雪利丹**及**50㎖的威士忌**倒進咖啡壺中混和，再小心注入杯中，讓原有的咖啡脂保持浮在表面。

端上桌　以**螺旋狀檸檬皮**裝飾，即可飲用。

愛爾蘭咖啡 IRISH COFFEE

煮法 **咖啡壺**　　乳品 **鮮奶油**　　溫度 **熱**　　分量 **1杯**

　　喬‧雪利登（Joe Sheridan）於1942年首創愛爾蘭咖啡──結合「強如友善之手」的咖啡、「順如大地之智」的威士忌及糖與鮮奶油，從此成為全球最知名的特調咖啡。

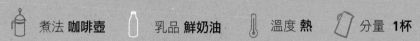

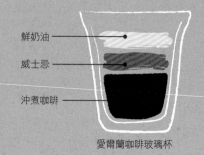

鮮奶油

威士忌

沖煮咖啡

愛爾蘭咖啡玻璃杯

1 使用p129的技巧，以濾紙手沖壺沖煮**120㎖的特濃咖啡**。

2 將咖啡及**2茶匙的紅糖**倒進玻璃杯中，攪拌直到紅糖溶解。

3 拌入**30㎖的愛爾蘭威士忌**，輕輕將**30㎖的鮮奶油**攪拌至黏稠而不僵硬。

端上桌　將鮮奶油以湯匙背面輕輕鋪在咖啡上，即可飲用。

橫越赤道 ACROSS THE EQUATOR

煮法 **咖啡壺**　　乳品 **特濃鮮奶**　　溫度 **熱**　　分量 **1杯**

　　挪威的利尼阿夸維特（Linie Aquavit）是一種草本烈酒，在往返澳洲兩度通過赤道的船上費時數月釀製而成。挪威人同樣喜愛咖啡，本作法即是以獨特的方式將兩者混合。

特濃鮮奶油
利尼阿夸維特
沖煮咖啡
大馬克杯

1 以法式壓壺（p128）、愛樂壓（p131）或其他咖啡壺沖煮 **150㎖**的咖啡，再倒進馬克杯中。

2 加入**1茶匙**的糖，攪拌直到溶解為止。加入**30㎖**的利尼阿夸維特，並於上方擺放**50㎖**的特濃鮮奶油。

端上桌　以**茴香枝**裝飾，即可飲用。

蘭姆果園 ORCHARD RUM

煮法 **咖啡壺**　　乳品 **無**　　溫度 **熱**　　分量 **1杯**

　　蘋果和咖啡乍看之下似乎並不怎麼搭，實則意外地互補。若無蘋果白蘭地（Applejack），改用卡巴杜斯蘋果酒（Calvados）或諾曼地蘋果酒（Pommeau）等其他以蘋果為基底的酒，也完全沒問題。

鮮奶油
蘋果白蘭地
沖煮咖啡
大馬克杯

1 以法式壓壺（p128）、愛樂壓（p131）或其他咖啡壺沖煮 **240㎖**的咖啡。

2 將咖啡、**30㎖**的蘋果白蘭地及**30㎖**的白蘭姆倒進馬克杯混合。

端上桌　以**蜜糖**調味，即可飲用。

推薦豆　以蘋果為基底的烈酒能夠將強化許多優質中美洲咖啡豆柔淡的水果調性。

干邑白蘭地咖啡 COGNAC BRULOT

🍼 煮法 **咖啡壺**　　🍶 乳品 **無**　　🌡 溫度 **熱**　　📄 分量 **1杯**

干邑白蘭地咖啡是經典的紐奧良白蘭地咖啡（Café Brulot）之變化，採用干邑或其他白蘭地為其酒底。白蘭地咖啡是朱勒斯·艾爾西亞托（Jules Alciatore）於美國禁酒時期間，在安東萬餐廳（Antoine's Restaurant）所發明，利用柑橘及香料巧地遮蓋住酒味。

沖煮咖啡

加味干邑
白蘭地

白蘭地杯

1 將**30㎖的干邑白蘭地**倒進玻璃杯中，以白蘭地加熱器保溫，再加入**1茶匙的紅糖、1根肉桂枝、1株丁香、1片螺旋狀檸檬皮以及1片螺旋狀柳橙皮**。

2 以法式壓壺（p128）、愛樂壓（p131）或其他咖啡壺沖煮**大約150㎖的咖啡**，然後倒進杯中。若是酒杯的傾斜角度會使咖啡流出，則先將其從加熱器上取下再倒。

端上桌　以肉桂枝攪拌至糖溶解且所有原料皆均勻後，即可飲用。

雲莓咖啡 AVERIN CLOUD

🍼 煮法 **咖啡壺**　　🍶 乳品 **鮮奶油**　　🌡 溫度 **熱**　　📄 分量 **1杯**

雲莓是一種琥珀色的莓果，挪威甜點Multekrem便是結合雲莓果醬及鮮奶油。本作法受其啟發，並稍作變化，加入葡萄伏特加。

鮮奶油
伏特加
雲莓酒

沖煮咖啡

中玻璃杯

1 以法式壓壺（p128）、愛樂壓（p131）或其他咖啡壺沖煮**180㎖的咖啡**。

2 將咖啡倒進玻璃杯，並於其上加入**30㎖的雲莓酒**（Lakka）、**30㎖的詩珞珂**（Cîroc）或其他水果底伏特加。

端上桌　將**100㎖的鮮奶油**加上些許**雲莓酒**後進行打發，抹一層於咖啡最上方後，即可飲用。

苦艾酒鮮奶油咖啡 CREAM VERMOUTH

煮法 **咖啡壺**　　乳品 **冰淇淋**　　溫度 **熱**　　分量 **1杯**

　　這杯特調咖啡使用了冰淇淋增加甜味，而帶有草藥味的苦艾酒（Vermouth）則為其帶來多樣的風味。冰淇淋的部分可以攪拌使之融化，也可佐以湯匙直接享用。

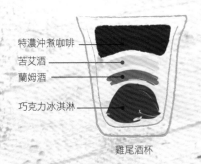

特濃沖煮咖啡
苦艾酒
蘭姆酒
巧克力冰淇淋

雞尾酒杯

1 舀**1球巧克力冰淇淋**製玻璃杯底，再於其上倒進**30㎖的蘭姆酒**及**30㎖的苦艾酒**。

2 以法式壓壺（p128）、愛樂壓（p131）或其他咖啡壺沖煮**180㎖**的**特濃咖啡**。

端上桌　將咖啡緩緩倒進杯中，以**紅糖**調味，即可飲用。

馬丁尼濃縮咖啡 ESPRESSO MARTINI

煮法 **咖啡機**　　乳品 **無**　　溫度 **冷**　　分量 **1杯**

　　馬丁尼濃縮咖啡優雅一流，可自行選擇是否加入巧克力利口酒——例如可可香甜酒（Crème de Cacao）——提升甜味，若是不用可可香甜酒，則增加一倍的卡魯哇利口酒即可。

調酒義式
濃縮咖啡

馬丁尼杯

1 使用p44～45的技巧，沖煮**雙份／50㎖**的義式濃縮咖啡，並讓其稍微冷卻。

2 將咖啡與**1湯匙**的**可可香甜酒**、**1湯匙**的**卡魯哇利口酒**及**50㎖**的**伏特加**倒進雪克杯，加入**冰塊**後用力晃蕩。只要先將咖啡及酒類調和，便可降低其溫度，減緩冰塊融化的速度。

端上桌　雙重過濾至玻璃杯中，以**3顆咖啡豆**裝飾咖啡脂，即可飲用。

華冠香甜琴酒咖啡 GIN CHAMBORD

煮法 **咖啡機**　　乳品 **無**　　溫度 **冷**　　分量 **1杯**

咖啡和大部分的新鮮莓果都很搭，這杯不含乳糖的特調咖啡即摻有葡萄柚汁，加上琴酒（gin）後，與華冠香甜酒（Chambord）形成完美的互補，而些許純糖漿更可中和新鮮莓果的酸味。

義式濃縮咖啡加覆盆子調酒

飛碟杯

1 使用p44～45的技巧，沖煮**雙份／50mℓ**的義式濃縮咖啡至小咖啡壺，並讓其稍微冷卻。

2 將**5粒覆盆子**加入**25mℓ**的華冠香甜酒碾碎，與**20mℓ**的純糖漿（p162～163）、**25mℓ**的琴酒及**1湯匙**的葡萄柚汁一起倒進雪克杯，加入**冰塊**後，再將咖啡倒進。

端上桌　充分晃蕩後再濾至玻璃杯中。以**覆盆子**在杯緣裝飾，即可飲用。

夏翠絲硬搖 CHARTREUSE HARD SHAKE

煮法 **咖啡機**　　乳品 **鮮奶**　　溫度 **冷**　　分量 **1杯**

夏翠絲香甜酒的草本風味在加入冰淇淋後，會變得圓潤芳醇，兩者的結合亦可當作一道絕佳的甜點。若是喜歡厚重的口感，則減少牛奶的量。以咖啡豆裝飾，可形成強烈對比。

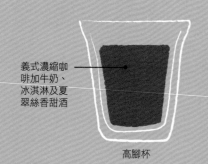

義式濃縮咖啡加牛奶、冰淇淋及夏翠絲香甜酒

高腳杯

1 使用p44～45的技巧，沖煮**雙份／50mℓ**的義式濃縮咖啡至小咖啡壺。

2 將咖啡、**150mℓ**的牛奶及**50mℓ**的夏翠絲香甜酒倒進攪拌器中，加入**1球冰淇淋**，再攪拌直到滑順。

端上桌　倒進高腳杯後，即可飲用。

推薦豆　夏翠絲香甜酒加冰淇淋的組合能夠與許多水洗衣索比亞咖啡豆產生互補。

柑曼怡巧克力咖啡 GRAND CHOCOLATE

煮法 **咖啡機**　　乳品 **無**　　溫度 **冷**　　分量 **1杯**

　　巧克力加柳橙是經典的風味組合，與波本威士忌、義式濃縮咖啡結合後，豐富的香氣使其成為晚餐後眾人的最愛。另外也可嘗試熱飲，只要不加冰塊即可。

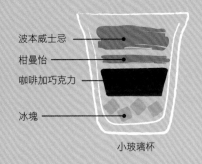

波本威士忌
柑曼怡
咖啡加巧克力
冰塊

小玻璃杯

1 使用p44～45的技巧，沖煮**雙份／50㎖**的義式濃縮咖啡至小咖啡壺，再拌進**1茶匙**的巧克力醬（p162～163）直到溶解。

2 將**4～5個冰塊**放進玻璃杯中後，倒入咖啡加巧克力。攪拌直到咖啡冷卻，再加**1湯匙**的柑曼怡（Grand Marnier）及**50㎖**的波本威士忌。

端上桌　以**螺旋狀柳橙皮**裝飾，即可飲用。

冰櫻桃白蘭地 COLD KIRSCH

煮法 **咖啡機**　　乳品 **無**　　溫度 **冷**　　分量 **1杯**

　　這杯咖啡讓人聯想到液態的黑森林蛋糕，所以可以邊喝邊吃松露黑巧克力或濃郁的巧克力冰淇淋。記得待咖啡完全冷卻後才加入蛋白，並且雙重過濾以獲得濃滑的口感。

義式濃縮咖啡加白蘭地

高腳杯

1 將**冰塊**放進雪克杯後，使用p44～45的技巧，沖煮**雙份／50㎖**的義式濃縮咖啡至冰上冷卻。

2 將**25㎖**的干邑白蘭地、**25㎖**的櫻桃白蘭地及**2茶匙**的蛋白倒入雪克杯後，晃蕩均勻，再雙重過濾至高腳杯中。

端上桌　以**純糖漿**（p162～163）調味後，即可飲用。

波特黑醋栗
飲用前一小時左右先將玻璃杯置於冰箱冷藏，有助
保持咖啡清涼。

波特黑醋栗 PORT CASSIS

煮法 **咖啡機**　　乳品 **無**　　溫度 **冷**　　分量 **1杯**

　　加強葡萄酒（fortified wine）和咖啡相當速配，尤其是以具備相同果香特質的豆子沖煮而成的義式濃縮咖啡。而黑醋栗酒（Crème de cassis）則可增添一層甜味，讓整杯咖啡更為圓滿。

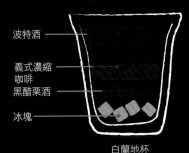

波特酒
義式濃縮咖啡
黑醋栗酒
冰塊
白蘭地杯

1 將**4～5個冰塊**放進白蘭地杯，再倒入**25㎖**的黑醋栗酒。

2 使用p44～45的技巧，沖煮**單份／25㎖**的義式濃縮咖啡至白蘭地杯中，並攪拌至冷卻，再緩緩倒入**75㎖**的波特酒（Port）。

端上桌 以**黑莓**裝飾後，即可飲用。

推薦豆 優質肯亞豆中的水果與酒香調性能夠與莓果及波特酒相輔相成。

雷根帝薩諾 REGAN DISARONNO

煮法 **咖啡壺**　　乳品 **無**　　溫度 **冷**　　分量 **1杯**

　　帝薩諾（Disaronno）是一種以杏桃油、草藥及水果調味的利口酒。杏仁精與杏桃精可與利口酒互補，摩卡醬則使整杯咖啡喝起來像是被巧克力包覆的杏仁一樣。

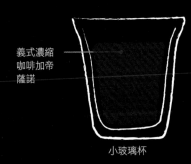

義式濃縮咖啡加帝薩諾
小玻璃杯

1 以法式壓壺（p128）、愛樂壓（p131）或其他咖啡壺沖煮**100㎖**的咖啡，並讓其冷卻。

2 將冷卻後的咖啡與**25㎖**的帝薩諾、**1湯匙**的摩卡醬、**冰塊**以及**杏仁精與杏桃精各5～6滴**倒進雪克杯，晃蕩均勻，再雙重過濾至玻璃杯中。

端上桌 灑上些許**巧克力刨花**後，即可飲用。

帶有甘草風味的艾碧思（Absinthe）與琴酒中的杜松相當搭，兩者構成獨一無二的咖啡飲。若是不方便取得愛碧思，可用潘諾茴香酒（Pernod）代替，不但較不濃烈，而且依舊美味可口。

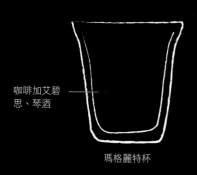

咖啡加艾碧思、琴酒

瑪格麗特杯

1　以法式壓壺（p128）、愛樂壓（p131）或其他咖啡壺沖煮**75㎖**的咖啡，並讓其冷卻。

2　將咖啡、**25㎖**的琴酒、**25㎖**的艾碧思、**3茶匙**的純糖漿（p162～163）以及**冰塊**倒進雪克杯，並搖盪均勻。

端上桌　雙重過濾至玻璃杯中，放入**八角**使其漂浮，即可飲用。

推薦豆　帶有草本調性的豆子，例如淺焙的經典衣索比亞豆，能夠增添風味層次，讓人心曠神怡。

蘭姆卡洛蘭 RUMMY CAROLANS

 煮法 **咖啡壺**　 乳品 **無**　 溫度 **冷**　 分量 **1杯**

　有時候人就是想來點甘甜暖心，甚至在喝冰雞尾酒也一樣。蘭姆酒與愛爾蘭卡洛蘭奶油香甜酒（Carolans）的組合加上由添萬利利口酒（Tia Maria）所激發出的咖啡風味，正是人所需要的提神與慰藉。

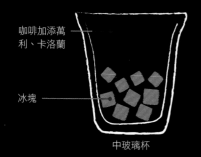

咖啡加添萬利、卡洛蘭

冰塊

中玻璃杯

1　在兩個淺碟中分別倒入些許**蘭姆酒**及**糖**，將玻璃杯杯緣以蘭姆酒沾濕，再浸入糖中。

2　以法式壓壺（p128）、愛樂壓（p131）或其他咖啡壺沖煮**75㎖**的特濃咖啡至裝有冰塊的杯中。

3　將咖啡、**1湯匙**的添萬利利口酒、**1湯匙**的愛爾蘭卡洛蘭奶油香甜酒、**25㎖**的蘭姆酒及調味用的糖倒進雪克杯晃蕩。

端上桌　在杯中裝入**冰塊**，再將咖啡雙重過濾至其上，即可飲用。

墨西哥之光 MEXICAN LIMELIGHT

 煮法 **咖啡壺**　　乳品 **無**　　溫度 **冷**　　分量 **1杯**

　　墨西哥種植咖啡、生產龍舌蘭酒且製造龍舌蘭糖漿。將這三者與萊姆混合，可得到一杯升糖指數較摻糖提甜者還低的飲料。若要更明顯的焦糖口感，則選用深色的龍舌蘭糖漿。

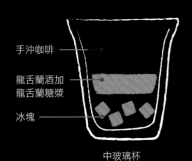

手沖咖啡

龍舌蘭酒加
龍舌蘭糖漿

冰塊

中玻璃杯

1　將**4～5個冰塊**放進玻璃杯中。以法式壓壺（p128）、愛樂壓（p131）或其他咖啡壺沖煮**100㎖的咖啡**，並待其冷卻。

2　在另一個玻璃杯中，將**1湯匙的淡龍舌蘭糖漿**拌入**50㎖的龍舌蘭酒**後，倒進裝有冰塊的杯中，再注入冷卻的咖啡。

推薦豆　用**萊姆片**滑繞杯口一圈後，將其掛在杯緣，即可飲用。

榛果克普尼克 HAZEL KRUPNIK

 煮法 **咖啡壺**　　乳品 **無**　　溫度 **冷**　　分量 **1杯**

　　蜂蜜是取代糖的好物，在本作法中，克普尼克伏特加酒（Krupnik）增添蜂蜜風味，而檸檬伏特加則予以中和，避免過度甜膩。

冰咖啡加榛
果儷香甜酒

馬丁尼杯

1　以法式壓壺（p128）、愛樂壓（p131）或其他咖啡壺沖煮**50㎖**的特濃咖啡至裝有**冰塊**的杯中。

2　將咖啡、**1湯匙的榛果儷香甜酒（Frangelico）**、**1湯匙的克普尼克**、**25㎖的檸檬伏特加**以及**冰塊**倒進雪克杯並均勻晃蕩。

端上桌　雙重過濾至玻璃杯中，以香草莢裝飾後，即可飲用。

推薦豆　榛果儷香甜酒的榛果及香草調性與巴西豆（p92～93）的甘甜及堅果味相當速配。

專有名詞對照表 GLOSSARY

阿拉比卡
作為經濟作物的兩種咖啡品種之一（另見「羅布斯塔」），品質較羅布斯塔優良。

模盤
磨豆機內的盤狀利刃，可將咖啡豆碾碎成粉狀以供手沖或咖啡機使用。

咖啡因
咖啡內含的化學物質，有使人興奮提神之效。

冰釀咖啡
以冰滴壺及冰水沖泡的咖啡，或是以熱水沖煮後再冷卻的咖啡。

商業市場
位於紐約、巴西、倫敦、新加坡及東京的咖啡交易市場。

咖啡脂
浮在義式濃縮咖啡上的一層泡沫。

培育種
為了飲用而刻意栽培的變種。

杯測
品嚐及評鑑咖啡的作法。

排氣
讓咖啡豆排放出在烘焙過程中所產生之氣體的作法。

小咖啡杯
通常指容量為90ML、帶有把手的義式濃縮咖啡杯。

分量
欲以水加以沖煮的咖啡粉量。

萃取
咖啡在沖煮時於水中溶出其物質的過程。

生豆
尚未烘焙的咖啡豆。

混種
由兩種品種交配而成的咖啡。

果膠層
環繞內果皮而質黏味甜的果肉，在咖啡果實中包覆著咖啡種子。

日曬法
將咖啡豆置於日照下曬乾的咖啡果實處理法。

圓豆
咖啡果實中單粒（而非一般的兩顆）圓形的種子。

馬鈴薯缺陷
受細菌感染而產生生馬鈴薯味及口感的咖啡豆。

半日曬法
將果皮去除但保留果膠層完整後再進行日曬的咖啡果實處理法。

羅布斯塔
作為經濟作物的兩種咖啡品種之一（另見「阿拉比卡」），品質不如阿拉比卡。

填壓
將咖啡粉擠壓進義式濃縮咖啡機之濾杯中的作法。

生產履歷
咖啡的起始、來源、資訊及背景故事。

變種
在分類學中描述屬同一品種（例如阿拉比卡）但其差異可資辨別的咖啡。

水洗法
透過浸泡或沖洗將果皮及果膠層去除後，再將剩下內果皮包覆的咖啡豆置於日光下曝曬的咖啡果實處理法。

索引 INDEX

作者 AUTHOR

　　安妮特・穆德維爾是平方英里咖啡烘焙坊（Square Mile Coffee Roasters）的共同創辦人，該公司位於英國倫敦，是一間獲獎無數的咖啡烘焙商。平方英里挑選、購買、進口、烘焙咖啡豆，並銷售給一般消費者及企業。安妮特的咖啡職涯從1999年於其家鄉挪威擔任咖啡調理師開始，目前則是全年拜訪咖啡農，從全世界挑選出最棒的咖啡。

　　安妮特在多項國際業界競賽中擔任評審，例如世界咖啡師大賽（World Barista Championships）、國際咖啡杯測賽（Cup of Excellence）及最佳美食獎（Good Food Awards），並開設咖啡講座，遍及歐洲、美國、拉丁美洲及非洲。安妮特曾在2007、2008及2009年的世界咖啡師大賽中獲得最佳義式濃縮咖啡獎，並在2007年贏得世界盃杯測師大賽（World Cup Tasters Championship）冠軍。

關於地圖

　　p56～123地圖中的咖啡豆圖示代表著名咖啡產區的位置，綠色區塊則代表較大的咖啡產地，可能是以國界劃分，也可能是以氣候造成的地理環境劃分。

關於食譜

　　為求最佳沖煮效果，請參照下列建議容量。**咖啡杯**迷你：90㎖；小：120㎖；中：180㎖；大：250㎖。**馬克杯**小：200㎖；中：250㎖；大：300㎖。**玻璃杯**小：180㎖；中：300㎖；高腳：350㎖。